천재들의 패러독스

재미있게 배우는 논리와 수학

천재들의 패러독스

김안나 지음

호메로스

모든 철학자는 딴 생각을 한다

기원 전 5세기 경 고대 그리스에는 변론술에 뛰어난 지식인들이 맹활약을 하고 있었다. 이들을 소피스트(Sophist)라고 하는데, 원래 소피스트는 '현명한 사람' 혹은 '지혜를 가진 사람'이라는 의미였다. 주로 지방 출신 학자들로 직업적으로 지식을 가르쳐 돈을 버는 사람들이었다. 이들이 주로 가르친 것은 논쟁에서 상대가 반론을 펼 수 없는 논리를 제시하여 상대를 제압하는 변론술이었다. 그러니 얼마나 말을 잘 했을까 하는 것은 의심의 여지가 없다.

그 중에서도 프로타고라스(Protagoras)는 타의 추종을 불허하는 당대 최고의 소피스트였다. 그 프로타고라스가 자신이 역설한 논리의 모순에 스스로 발목이 잡히는 유명한 일화가 있다.

어느 날 젊은이 하나가 프로타고라스를 찾아와서 사사 받겠다고 간청하였다. 뛰어난 소피스트가 되고 싶다는 것이었다. 이 당돌한 젊은

이는 이렇게 제안하였다.

"저는 지금 가난하여 수업료를 드릴 수 없습니다. 그러나 선생님께서 저를 받아 주신다면 수업을 마친 후에 선생님과 변론으로 내기를 해서 제가 이기면 그 때 수업료를 내도록 하겠습니다."

프로타고라스가 무슨 생각으로 이 젊은이의 제안을 받아들였는지는 알 수 없지만 그 젊은이는 프로타고라스의 제자가 되었으며 곧 뛰어난 변론술을 배우고 익혀서 큰 성공을 거두게 되었다. 그러나 스승에게 약속한 수업료를 낼 생각이 없는 듯했다. 참다못한 프로타고라스는 수업료 지불 소송을 걸었다. 당대 최고 소피스트 두 사람의 변론을 듣기 위하여 많은 방청객이 모여들었다.

먼저 프로타고라스가 변론을 폈다.

"이 재판은 형식일 뿐입니다. 왜냐하면 승소하든 패소하든 저는 수업료를 받게 될 것이기 때문입니다. 제가 승소한다면 재판의 판결에 의하여 저 젊은이는 나에게 수업료를 지불해야 할 것입니다. 만일 제가 패소한다면 변론으로 저를 이기면 수업료를 내겠다는 저 젊은이의 약속대로 제가 수업료를 받게 됩니다. 그러므로 이 재판에서 제가 이기거나 지거나 어느 경우에도 제가 수업료를 받는 것이 분명합니다. 존경하는 재판장님, 저의 제자에게 수업료를 지불하라는 판결을 내려 주시기 바랍니다."

스승의 변론이 끝나자 이번에는 제자가 변론을 폈다.

"저의 선생님의 말이 맞습니다. 이 재판은 형식일 뿐입니다. 왜냐하면 승소하든 패소하든 저는 수업료를 내지 게 될 것이기 때문입니다. 제가 승소한다면 재판의 판결에 의하여 저는 수업료를 지불할 요가 없습니다. 그러나 만일 패소한다면 수업을 받은 후에 변론으로 선생님을 이기는 경우에 수업료를 내겠다는 원래의 약속에 의하여 저는 수업료를 내지 아도 됩니다. 그러므로 이 재판에서 제가 이기거나 지거나 어느 경우에도 저는 수업료를 내지 는 것이 분명합니다. 존경하는 재판장님, 수업료를 내지 아도 된다는 판결을 내려 주시기 바랍니다."

프로타고라스의 논리도 그럴싸하고 제자의 논리도 그럴싸하다. 논리를 펴는 방법도 같다. 그러나 동일한 사건, 동일한 추론에도 불구하고 결론은 서로 정반대이다. 당신이 재판장이라면 누구의 손을 들어주겠는가?

지혜로운 솔로몬 왕이라고 해도 고민에 빠질 것이다. 프로타고라스 자신이 재판장이라고 해도 논리적인 판결을 내릴 수 없었을 것이다. '인간은 만물의 척도'라는 말로 유명한 최고의 철학자 프로타고라스가 이처럼 바보같은 짓을 하다니. 그러나 그것이 철학의 본질이다. 모든 철학자는 어떤 점에서는 바보인 것이다.

바로 이런 경우 서로 모순이 되는 현상, 자가당착이며 이율배반인 상황을 말할 때 우리는 '패러독스(paradox)' 혹은 '역설(逆說)'이라고 한다. 논리적으로 설명하자면 진리 값이 '참'인 명제에 대하여 모순을 일으키는 결론에 도달하는 추론(推論)을 패러독스라고 한다. 다른 말로는 배리(背理) 혹은 역리(逆理)라고 하기도 한다.

이 책은 스물네 가지의 수학적 패러독스를 소개하고 있다. 거북이가 앞서 출발하기만 한다면 아킬레스는 절대로 거북이를 따라잡을 수 없다는 유명한 제논의 역설에서부터 스스로 자신의 머리를 깎을 수 없는 불쌍한 이발사의 이야기에 이르기까지 역사상 최고의 철학자들이 수학적 논리로 풀어낸 재미있고 알쏭달쏭한 역리 에피소드를 읽어가다 보면 당신도 모르는 사이에 머리 회전이 빨라지고 있는 것을 느끼게 될 것이다.

　본문 중에 '저자 서문의 패러독스'가 있다. 모든 저자들이 자신이 쓴 책에 잘못이 있을까 두려워하여 언제나 서문에 다음과 같은 구절을 첨가한다는 내용이다. '내용에 정확을 기하기 위하여 노력했지만, 그럼에도 불구하고 피할 수 없는 오류가 있을지도 모릅니다.' 저자도 이 문장을 인용하여 서문을 끝맺는다.

김안나

:: 차 례

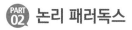 **논리 패러독스**

PART 03 응용 패러독스

정통 패러독스

아킬레스는 거북이를 따라잡을 수 있을까 / 크레타인들은 모두 거짓말쟁이다 / 이발사의 머리는 누가 깎을까 / 수요일에는 빨간 장미를 / 날아가는 화살은 날지 않는다 / 트리스트럼 샨디의 자서전은 언제 완성될까 / 모든 집합들의 집합은 변칙이다 / 사형수는 절대로 죽지 않는다

아킬레스는 거북이를
따라잡을 수 있을까

수학적 역설에 익숙하지 않은 사람이라고 해도 아킬레스와 거북이의 경주에 대한 패러독스는 한번쯤은 들어봤을 것이다. 아킬레스(Achilles)는 그리스 신화에 등장하는 인물로 호메로스의 서사시 '일리아스(Ilias)'를 통하여 알려졌다. 바다의 여신 테티스와 펠레우스 왕 사이에서 태어난 아들로 트로이 전쟁에서 영웅이 된다. 그의 몸은 철갑을 두른 듯 창에도 칼에도 상처를 입지 않는다.

제논의 패러독스(1)

　이것은 그가 태어났을 때 어머니인 테티스가 아들을 불사신으로 만들기 위하여 황천 스틱스 강물에 어린 아들의 몸을 담갔기 때문이다. 그러나 이 때 어머니가 손으로 잡고 있던 발뒤꿈치가 물에 닿지 않아 치명적인 급소가 되어 후에 이곳에 화살을 맞아 죽게 된다. 바로 여기에서 '아킬레스건'이라는 말이 유래하였다. 이처럼 극적인 운명을 타고 난 아킬레스는 트로이 전쟁에서 혁혁한 전과를 올리는

영웅으로, 특히 발이 빨랐던 것으로도 유명하다.

발 빠른 전사 아킬레스와 지상에서 가장 느릿느릿한 거북이를 경주시킨다. 다만 여기에는 한 가지 조건이 있는데 속도에서 불리한 거북이를 앞서 출발하도록 하는 것이다. 아킬레스가 거북이의 출발점에 도달했을 때 거북이는 느린 속도이긴 하지만 조금 앞으로 나갔을 것이다. 아킬레스가 다시 그 지점으로 움직이는 동안 거북이는 조금이라도 더 나갔을 것이다. 이런 식으로 무한히 계속되면 아킬레스는 절대로 거북이를 따라잡을 수 없다는 결론이 된다.

수학적으로 설명해 보자. 아킬레스의 출발점을 P1, 거북이의 출발점을 P2라고 하자. 아킬레스가 앞서 출발한 거북이를 따라잡아 P2에 도착했을 때 거북이는 P3에 있다. 아킬레스가 다시 P3에 갔을 때 거북이는 P4에 도착한다. 아킬레스와 앞선 거북이와의 사이에는 매번 새로운 간격이 생기게 된다. 물론 그 간격이 지극히 미세할지라도. 이 무한히 많은 간격을 모두 거쳐서 어떻게 아킬레스가 거북

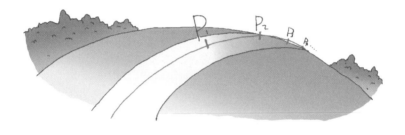

이를 따라잡을 수 있을까.

이것은 아마도 엘레아 학파의 철학자 제논(Zenon)의 패러독스 중 가장 유명한 것일 것이다. 제논은 기원전 490년 경에 출생한 것으로 추정된다. 보통 '엘레아의 제논'으로 불리는 이 위대한 철학자는 자신의 철학을 증명하기 위하여 역설적인 논법을 사용한 것으로

유명하다. 위에서 얘기한 '아킬레스와 거북이의 경주'도 그 중의 하나이다.

그러나 물론 우리는 아킬레스가 거북이를 따라잡을 것을 알고 있다. 그가 한정된 시간에 무수히 많이 나눠진 간격을 채워나갈 때 각각의 잇따른 간격은 앞서의 간격보다 간격 차가 좁혀질 것이고,

간격을 가로지르는 속도는 더 빨라질 것이기 때문이다. 예를 들어서 1킬로미터를 달린 후에 아킬레스가 거북이를 따라잡는다고 해 보자. 그렇다면 그가 따라 잡은 아주 무수히 많은 간격들은 다 합쳐서 1킬로미터가 되어야 한다는 결론이다. 그러나 어떻게 그렇게 될 수 있을까?

수학적인 용어로 설명하자면, 그것은 무한급수*의 합계를, 계속되는 부분합*의 수열*이 수렴하는 '극한'이라고 정의하는 것으로 해결된다. 예를 들어보자. 상황계산을 단순화하기 위하여 거북이가 아킬레스보다 500미터(2분의 1 킬로미터) 앞서서 출발하게 하고, 아킬레스가 거북이보다 정확하게 두 배의 속도로 달리며, 아킬레스나 거북이나 둘 다 일정한 속도로 진행한다고 가정해 보자. 물론 아킬레스와 거북이의 속도를 비교하는 것은 현실적으로 말도 안 되는 일이지만 수학적 계산을 위한 장치이니 잠시 눈 감아주기 바란다.

거북이가 앞서 출발한 지점, 즉 2분의 1킬로미터 지점에 아킬레스가 도착했을 때 속도가 반인 거북이는 4분의 1킬로미터 더 앞서있을 것이다. 아킬레스가 이 4분의 1킬로미터를 따라잡았을 때 거북이는 8분의 1킬로미터 앞서 있다. 이것이 계속되면 아킬레스가 따라잡은 간격은 1/2킬로미터, 1/4킬로미터, 1/8킬로미터, 1/16킬로미터가 되는데 이들의 부분합은,

천재들의 패러독스

$$1/2 \text{ 킬로미터}$$

$$1/2 + 1/4 = 3/4 \text{ 킬로미터}$$

$$1/2 + 1/4 + 1/8 = 7/8 \text{ 킬로미터}$$

$$1/2 + 1/4 + 1/8 + 1/16 = 15/16 \text{ 킬로미터}$$

$$\vdots$$

와 같이 된다. 따라서 부분합의 수열은 다음과 같이 갈 것이다.

$$1/2, \ 3/4, \ 7/8, \ 15/16, \ 31/32, \ 63/64, \ 127/128, \ 255/256,$$
$$511/512, \ 1023/1024, \ 2047/2048, \ 4095/4096...$$

이 부분합의 수열은 영원히 계속된다. 다만 그 값이 1을 향해 점점 더 가까워진다. 수학적으로 말하자면 1에 수렴한다. 이 경우 급수*의 극한이며 총합은 바로 1이 된다(무한급수의 합계를 계속되는 부분합의 수열이 수렴하는 '극한'이라고 정의하는 것으로 해결된다고 설명했던 것을 기억해 보라). 거북이에게 도달할 때까지 아킬레스는 거북이에게 점점 더 가까워질 것이다.

＊**무한급수**(無限級數): 항의 수가 무수히 많은 급수.

＊**부분합**(部分合): 무한급수에서 제 1항부터 제 n항까지의 합을 이 무한급수 n까지의 부분합이라고 한다.

＊**수열**(數列): 일정한 법칙에 따라 증감되는 수가 차례로 배열되어 있는 것.

＊**급수**(級數): 수열의 합.

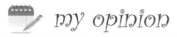 my opinion

크레타인들은 모두
거짓말쟁이다

이것은 지금으로부터 2천5백 년 전에 에피메니데스(Epi-menides)라는 사람이 한 말이다. 기원전 6세기에 살았던 것으로 알려진 에피메니데스는 그리스의 시인이며 철학자였다. 그가 이런 말을 했다. '크레타인들은 모두 거짓말쟁이다'라고. 이와 유사한 내용은 성경의 디도서에도 나와 있다. 그런데 이 진술이 명언이 된 것은 바로 그 말을 한 에피메니데스 자신이 크레타 섬 출신이었기 때문이다.

에피메니데스의 패러독스

    만일 '크레타인들은 모두 거짓말쟁이'라는 말이 사실이라면 그 말을 한 크레타인 에피메니데스도 거짓말쟁이라는 결론이다. 그렇다면 거짓말쟁이 에피메니데스가 한 말이 참말이 될 수는 없다. 따라서 '크레타인들은 모두 거짓말쟁이'라는 말은 거짓이 된다. 그러나 반대로 '크레타인들은 모두 거짓말쟁이'라는 말이 거짓이라면, 즉 크레타인들은 모두 참말만 한다면, 그 말을 한 에피메니데스도

참말을 했을 터이고 따라서 그가 말한 '크레타인들은 모두 거짓말쟁
이'라는 말은 참말이 되고 만다. 이 얼마나 재미있는 모순인가.

수학적 명제로 진리 값을 따져보면 좀 더 명확해질 것이다. 명제
는 참인지 거짓인지를 판단할 수 있는 문장으로 일반적으로 'p이면
q이다'와 같은 형태로 구성된다. '나는 거짓말을 하고 있다'라는 문

장을 '내가 하는 말은 거짓이다'라는 명제 X로 바꾸어 보자. 이제 이 명제의 진위를 생각해 볼 때, 만일 X가 참이라고 한다면 이 내용 그대로 'X는 거짓이다'라고 인정하는 것이 되고 만다. 반면에 X가 거짓이라고 한다면 이는 바로 X가 말하고 있는 바가 되어 결과적으로 X는 참이 되고 만다. 이렇듯 X는 참이라고 해도, 거짓이라고 해도 이율배반이 되며 따라서 '나는 거짓말을 하고 있다'는 발언은 참인 동시에 거짓이 된다.

이처럼 자기 자신이 거짓임을 말하는 명제를 인정하는데에서

생기는 패러독스를 통틀어 '거짓말쟁이의 패러독스' 혹은 위에서 언급한 크레타인의 이름을 따서 '에피메니데스의 패러독스'라고 한다.

지금까지 거짓말쟁이의 패러독스를 살펴보았다. 그렇다면 거짓말이 아닌 참말은 과연 문제가 없을까. 예를 들어서 '이 문장은 진실이다'라는 명제는 어떻게 해석될 수 있을까. 이 문장은 자기언급의 형태를 취하고 있다. 비록 아무런 모순도 생기지 않았지만 이 문장은 알맹이 없는 헛된 속임수이다. 만일 참이라면 참일 것이고, 만일 거짓이라면 거짓이다. 예를 들어서 장사가 '이건 정말 손해보고 드립니다'라고 할 때 그 말의 진위를 판단할 수 있는 것은 아무 것도 없다. 그 말이 진실이면 진실이고 거짓이면 거짓이다. 다만 말하는 사람의 양심을 믿는 수밖에.

또 다른 상황도 있을 수 있다. 그런 일이 설마 있었겠느냐마는 견우와 직녀가 서로 다른 말을 한다고 가정해 보자.

견우: (명제 K) '직녀가 말하는 것은 거짓이다.'
직녀: (명제 J) '견우가 말하는 것은 참이다.'

둘이 서로 상대방이 거짓말이라고 우기는 상황이 아니다. 견우

는 직녀가 거짓말을 한다고 하는데 직녀는 견우의 말이 참이라고 한
다. 이 상황에서 진리 값이 어떻게 되는지 알아보자. 만일 명제 K(직
녀가 말하는 것은 거짓이다)가 참이라면 직녀는 거짓말쟁이가 된다. 따라서
명제 J(견우가 말하는 것은 참이다)는 거짓이 되므로 견우는 거짓말쟁이가 된
다. 견우가 거짓말쟁이라면 명제 K(직녀가 말하는 것은 거짓이다)도 거짓이
되므로 직녀는 진실을 말하고 있는 셈이다. 따라서 최초의 명제 K가
거짓이 된다. 이렇게 해서 서로 박박 우기면서 끝없이 순환할 수밖
에 없다.

간단히 말해서 명제 K는 그 자신이 거짓일 때에만 참이 되며, 명제 J도 마찬가지다. 이처럼 견우와 직녀의 발언이 비록 스스로에 대해서 직접적으로 언급하고 있지는 않지만 둘 다 간접적으로 자신을 언급하고 있다. 이들의 발언은 각각 다른 발언을 통하여 스스로에 대해 암묵적으로 언급하고 있는 것이다. 이를 거짓말쟁이의 순환이라고 한다.

또 하나의 변종을 들어 보자. 다음의 문장을 자세하게 살펴보라.

(명제 S) 이 문장 S에는 둘 개의 틀린 곳이 있다.

명제 S는 '두 개'라고 써야 하는 단어를 '둘 개'라고 틀리게 쓴 것 하나밖에 틀린 곳이 없다. 만일 S에 또 다른 잘못된 곳이 없다면 S는 거짓이다. 이 경우 문장 자체가 틀린 것이 된다. 그러나 만일 이 문장이 거짓이라면, 이것은 정확하게 두 개의 틀린 곳을 가지고 있는 것이 된다. 그렇다면 이것은 진리임에 틀림없다. 알쏭달쏭한 문제이다.

이 거짓말쟁이 패러독스의 형태는 기원전 4세기부터 철학자들 사이에서 거론되어 왔지만 뾰족한 해결책을 찾지 못하다가 결국 20세기에 와서 폴란드 출신의 수학자 타르스키(Tarski)에 의하여 방법론

이 제시되었다. 타르스키의 해결책은 정형화된 언어를 위한 진리를 정의하는 것으로 시작된다. 타르스키는 이것이 근본적으로 모순을 가지기 때문에 일상의 언어에 적용할 수 없다고 생각했다.

그가 주장한 주요 요점은 패러독스 수준의 위계 제도에 대한 것이다. 가장 낮은 수준은 '진리' 술어나 혹은 관련된 용어들을 담고 있는 문장이 없다. 제 1수준에서 '진리'는 0수준의 문장에 사용될 수 있지만 같은 수준인 제 1수준의 문장에는 안 된다. 각각 뒤따르는 수준에서는 명백한 진리의 술어가 존재하는데 이는 그보다 낮은 수준의 문장에만 사용할 수 있다. 예를 들어서 '서울은 대한민국의 수도이다'는 1단계의 진리이다. "'서울은 대한민국의 수도이다'는 1단계의 진리이다"라는 명제는 2단계의 진리이다. 이런 식으로 제3단계, 제4단계의 수준이 다른 진술이 만들어진다.

이 방법은 문장이 한 가지 뜻을 명료하게 갖게 되는 것과는 거리가 멀다. 우리의 술어 '진리'와 '거짓'은 불명료하게 사용되어 많은 뜻을 가지게 된다. 문장이 담고 있는 내용의 특징을 고려하지 않고 문장 자체의 진리를 서술하는 것으로부터 또 다른 문제가 발생한다. '이 문장은 진리이다'라는 명제에서 '이 문장'이 가리키는 것이 그 문장 자신일 경우에만 패러독스가 된다. 만일 이것이 어떤 다른 문장을 가리키는데 사용되는 것이라면 '서울은 대한민국의 수도이다'라고 말할 때와 같은 것이 될 수 있는데, 이것은 패러독스 없이도 참이거나 거짓인 문장을 표현할 수 있다.

my opinion

이발사의 머리는 누가 깎을까

어떤 마을에 다음과 같은 법률이 제정되었다. '모든 주민은 스스로 이발을 해서는 안 되며, 반드시 한 달에 한 번 이발사에게 가서 머리를 깎아야 한다.' 조금 억지스럽기는 하지만 그렇다고 꼭 지킬 수 없는 법률은 아니다. 그러나 문제는 이 마을에는 이발사가 단 한 명뿐이라는 것이다. 이 불쌍한 이발사는 심각한 고민에 빠지게 된다. 자신의 머리는 누가 깎아야 하는가? 스스로 이발을 한다면 '모

러셀의 패러독스

든 주민은 스스로 이발을 해서는 안 된다'는 법을 어기게 된다. 그렇다고 이발을 하지 않는다면 '반드시 한 달에 한 번 이발사에게 가서 머리를 깎아야 한다'는 법을 어기게 된다. 어떻게 해도 법을 어기게 되어 있는 것이다.

이 흥미로운 이야기는 러셀(Bertrand Russell, 1872-1970)의 유명한 패러독스에서 시작한다. 버트런드 러셀은 영국이 자랑하는 작가이며 철학

자이며 수학자이며 논리학자이며 사상가이다.

잉글랜드 몬머스셔 트렐렉에서 명문 귀족의 아들로 태어난 러셀은 케임브리지 대학의 트리니티 칼리지에서 수학과 철학을 공부하였다. 그 후 유럽, 러시아, 미국 등 여러 나라의 대학에서 강의를 하며 40여 권의 책을 저술하였으며, 1950년에는 노벨문학상을 수상하였다.

학문과 저술에 몰두했다고 해서 그의 인생이 그다지 순탄했던 것은 아니다. 케임브리지 졸업 후 모교에서 강사로 지내던 러셀은 제1차 세계대전에 대한 반전운동이 문제가 되어 대학에서 쫓겨남은 물론 몇 개월 동안 옥고를 겪기도 한다. 1907년에는 하원의원에 출마했으나 낙선했고 1960년에는 '100인 위원회'를 구성하여 핵무기 반대 연좌농성을 주도한 혐의로 금고형을 받기도 하였다.

자, 이 위대한 사람의 이야기는 이쯤 하고. 이제 러셀의 패러독스를 알아보기로 하자.

집합은 요소들의 모임이다. 이들 요소들은 그 집합에 속해 있으며, 이 집합의 원소라고 불린다. 이들 원소들은 그들 스스로 집합을 형성한다. 대부분의 경우에 집합은 그 자신의 원소가 되지 않는다. 예를 들어서 국가들의 집합은 한 국가가 아니기 때문에 자신의 원소가 되지 않으며, 한국인들의 집합은 한 명이 아니기 때문에 자신의 원소가 되지 않는다. 그러나 한국인이 아닌 모든 것들의 집합은 한국인이 아니기 때문에 그 자신의 원소가 된다. 집합들의 집합도 마찬가지로 그 자신이 집합이기 때문에 자신의 원소가 된다. 이처럼 한 집합은 자신의 원소이든 혹은 아니든 둘 중의 하나이다.

자신을 원소로 포함하지 않는 집합들의 집합을 R이라고 해 보자. 이 집합 R은 그 자신이 원소가 되는가? 그럴 수 없다. 만일 자신이 원소가 된다면 이 역시 자신이 원소가 아닌 것이 아니게 되기 때문이다. 그러나 이것이 스스로에게 속해 있지 않기 때문에 자신이 원소가 아닌 집합들의 집합에 속해야만 한다. 즉 이것은 R에 속하며 동시에 R에 속하지 않는다. 모순이다.

수식으로 표현하면 다음과 같다. 자기 자신의 원소가 되지 않는 집합들의 집합 R에서,

$$R = \{\chi \mid \chi \notin \chi\}$$
$$R \in R \Leftrightarrow R \in \{\chi \mid \chi \notin \chi\} \Leftrightarrow R \notin R$$

즉 R이 R에 속하는 것과 속하지 않는 것이 동등이 되어 모순이 된다.

R이 그 자신의 원소인지 아닌지 결정하는 것은 R이 자신 고유의 규정적인 특성을 가지고 있느냐 없느냐 여부인데, 그것이 바로 그 자신의 원소인가 아닌가 하는 문제이다. 따라서 자기 스스로 원소가 되는 자격에는 어떠한 독립적인 근거도 존재하지 않는다. 또한 비록 자신을 원소로 포함하는 집합들의 집합이 같은 방법으로 모순을 낳지 않는다고 하더라도 이 역시 근거가 없다. 그렇다면 우리가 할 수 있는 일이라고는 같은 질문을 영원히 반복하는 것뿐이다.

러셀의 패러독스는 여러 편의 버전이 가능하다. 최근에 입수한 개정판을 소개해 보겠다. 어느 국가에서 새로이 집권한 개혁 통치자가 모든 시의 시장에게 명령을 내렸다. '어느 시장도 자신이 관리하는 지역에 살아서는 안 된다. 모두 모여서 한 곳에 살도록 하라.' 그리하여 모든 시장들이 한 곳에 모여서 살게 되었다. 이 곳에도 질서와 관리가 필요하겠다고 판단한 개혁 통치자는 시장들이 모여 사는

시에 시장을 뽑으라고 지시했다. 그러나 문제가 생겼다. 시장들이
모여 사는 시의 시장도 그가 관리하는 지역에 살아서는 안 된다. 이
시장은 어디에 가서 살아야 할까?

my opinion

수요일에는 빨간 장미를

　언제부터인가 장미꽃 다발은 연인 사이에 주고받는 선물의 제
1 순위가 되어 버렸다. 물론 연인이 없는 사람들이라고 해서 장미꽃
다발을 주고받지 말라는 얘기는 절대 아니다. 그러나 확률적으로 말
하자면 훨씬 더 많은 경우에 장미꽃을 주고받는 것은 연인들이다.
서로의 생일은 물론이고 졸업식, 입학식, 입사 기념, 밸런타인데이,
화이트 데이, 만남 한 달 기념, 1백일 기념, 1주년 기념 등 온갖 기념

연쇄삼단논법의 패러독스

일, 여기에 아무 날도 아니지만 크고 작은 특별한 의미를 붙여서 서로 꽃다발을 주고받는다.

요즘은 상품화 되어버린 하트 모양의 '1백 송이 장미'나 '5백 송이 장미'는 제외하고, 전통적인 포장으로 둘둘 싼 한 아름 장미 다발을 받았다면 한 번 몇 송이인지 세어보기 바란다. 가령 장미 1백 송이를 받았다면 그것은 확실히 한 아름 한 다발이라고 할 수 있다. 그

렇다면 99송이는 어떠한가? 1백 송이가 '다발'이라면 99송이도 '다발'이다. 한 송이를 뺐다고 해서 '다발'이 아닌 것이 되지는 않는다. 99송이가 다발이라면, 98송이는 어떤가? 이 역시 한 다발이다. 98송이가 한 다발이면 97송이도 한 다발이다. 그렇다면 96송이는? 95송이는? 이런 식으로 계속하면 결국 한 송이만 남을 것이다. 그렇다면 한 송이는 한 다발인가? 그렇지는 않다. 그렇다면 한 다발과 그렇지 않은 것을 구분하는 경계는 무엇인가?

　좀더 극단적인 예를 들어보겠다. 여기 쌀 한 무더기가 있다. 우리가 일반적으로 쌀 한 무더기라고 할 때에는 몇 톨의 낱알이 모여야 된다는 기준이 있는 것은 아니다. 일단 1만 개의 낱알이 모여 있다고 가정한다. 여기에서 쌀 한 톨을 치웠다고 해서 한 무더기가 망가지는 것은 아니다. 계속 이런 식으로 쌀을 한 톨씩 제거한다면 어떻게 될까. 9,999번 되풀이한다면 한 톨의 낱알만 남는다. 그러나 어디에서부터 무더기가 아닌 것이 되는 걸까.

　위의 논제를 좀 더 수학적으로 풀어보자.

10,000개의 낱알이 모여 하나의 무더기를 이룬다.
10,000개의 낱알이 하나의 무더기라면, 9,999개의 낱알도 그렇다.
따라서 9,999개의 낱알은 하나의 무더기이다.
9,999개의 낱알이 하나의 무더기라면, 9,998개의 낱알도 그렇다.
따라서 9,998개의 낱알은 하나의 무더기이다.

⋮

2개의 낱알이 하나의 무더기라면, 한 개의 낱알도 그렇다.
따라서 한 개의 낱알은 무더기이다.

　이러한 결론은 '만일 p이면 q이고, p이니 따라서 q이다'라는 추론의 논리 형식을 반복함으로써 얻어진다. 각각의 하위 논증이 그 다음 논증의 전제가 되는 이런 종류의 연속 논법을 '연쇄논법'이라고 부른다.

　그러나 위와 같은 연쇄삼단논법(連鎖三段論法)을 사용하기에는 우리가 일반적으로 사용하는 언어는 상당히 부적절하다. 예를 들어서 '그는 성인이다'라고 하는 기준은 정확히 몇 살을 의미하는가. 물이 고여 있는 것이 얼마만한 크기가 되면 '호수'라고 부를 수 있으며, 얼마만한 높이부터 '산'이라고 할 수 있는가. 키가 크다고 할 때에는 정확하게 몇 센티미터부터 적용되는가. 뜨겁다고 할 때에는 정확하게 섭씨 몇 도부터 적용되는가. 사람이 성장하는데에는 많은 시간이 걸린다. 어제까지는 어린이였다가 오늘 갑자기 성인이 되는 것은 불가능하다. 그러나 이와는 대조적으로 법적으로 성년이 되는 것은 매우 정확한 기준을 가지고 있어서 하루 사이에 미성년에서 성년이 된다.

위에서 예로 든 한 무더기의 쌀에 관한 연쇄적 삼단논법에서 명확한 경계를 그을 수 없는 것은 그 변화가 조금씩 진행되는 점진적인 것이기 때문이다. 일단의 철학자들은 이러한 모호한 점진적 변화를 거부한다. 거기엔 분명히 명확한 분기점이 존재하지만 우리 인간의 인식으로는 그곳이 어디인지 모를 뿐이라는 것이다. 결함이 있는 우리의 지식으로 뚜렷한 변화를 발견하기에는 역부족이라는 것이다. 우리의 판별력에는 한계가 있기 때문이다. 예를 들어 무지개를 보고 있다고 하자. 아니 좀 더 정확하게 말해서, 프리즘을 통해서 나오는 스펙트럼을 보고 있다고 하자. 잘 알고 있겠지만 스펙트럼은 빨간색에서부터 보라색으로 전개된다. 자외선과 적외선이 안 보이는 것이 다행이다. 그 일곱 가지 색깔이 변화하는 경계를 확실하게 구별할 수 있겠는가. 어디까지가 빨간 색이고 어디서부터 주황색이 되는지 판별하기 어렵다. 이와 마찬가지로 낱알이 일정한 방법으로

누적되어 일정한 수에 이르면 한 무더기를 이룬다고 할 때, 그 기준
에서 낱알 한 톨이 모자란다고 해도 일반적인 우리의 인식으로는 별
차이가 없게 보일 것이다.

만일 '한 무더기'와 '한 무더기가 아닌 것' 사이에 실제로 명확한
경계가 있다면, 그 경계에 걸린 경우에 무더기라고 볼 것인가 아니
라고 볼 것인가 하는 것도 쉽지 않은 문제이다. 그것을 한 무더기라

고 보는 것은 엄밀하게 말해서 참이 아니다. 다만 대략적으로 참일 뿐이다. 이와 마찬가지로 한반도가 토끼 혹은 범의 형상을 하고 있다는 것도 엄밀히 말하자면 참은 아니지만 대략적으로는 참에 속한다. 내 여자 친구는 170센티미터이다. 그녀의 키가 크다고 말한다면 이것은 진실일까. 엄밀하게 꼭 그렇다고 말할 수는 없지만 대략 진실이라고 보인다. 그러나 그녀의 키가 180센티미터라면 그 주장은 훨씬 더 진실에 가까워진다.

위의 예에서 보듯이 진실에는 등급이 있다. 쌀 무더기가 여러 개 있다고 할 때 어떤 것은 다른 것보다 '한 무더기'가 되는 것에 좀더

쌀 세가마 톨께 고만 나가줘~

접근해 있을 것이다. '쌀 한 무더기'라는 용어의 속성은 낱알이 하나씩 사라지면서 점점 정확함으로부터 멀어지며 아주 조금 남을 때가 되면 절대적인 거짓이 되어 버린다. 무더기로부터 낱알을 하나씩 덜어내는 일이 계속되면 그 무더기는 무더기가 아닌 것이 되는 쪽에 더욱 가까워진다. 만일 낱알의 모임이 한 무더기를 형성하는 경계선을 5,000이라고 한다면, 여기에서부터는 한 알을 뺄 때마다 진실로부터 그만큼씩 멀어지는 셈이 된다. 쉽게 말해서 두 개의 낱알을 뺀 4,998개의 낱알 더미보다는 한 알을 뺀 4,999개의 낱알 더미가 '무더기'의 진실에 더 접근해 있으며, 마찬가지로 4,000개의 낱알보다는 4,001개의 낱알이 진실에 좀 더 가까운 것이다.

그러나 한편 어떤 경우에는 진리에 대한 절대적인 경계가 존재하기도 한다. 이것은 주로 과학적이고 합법적인 의도에 의한 것들이다. 예를 들어보자. 어린이가 자라서 성인이 되는 변화는 일반적으로 매우 점진적이다. 바로 그런 속성 때문에 어느 나이에서 유년기가 끝난다고 말할 수 없다. 그러나 사회가 그 구성원에게 법적인 의무와 권리를 부여하기 위해서는 정확한 분기점이 필요하다. 어디까지를 미성년으로 볼 것인가 하는 것은 각 사회의 고유한 특수성에 따라 달라질 것이다. 어떤 사회에서는 '17세 이하'를 미성년으로 규정하고 있으며 또 다른 사회에서는 '20세 이상'을 성년으로 규정한다. 이는 모두 일반적으로 타당하게 받아들여진다. 그러나 미성년의

조건을 '2세 미만'으로 한다든가 '65세 이상'으로 하는 것은 상식을 위반하는 것이다. 왜냐하면 이 세상에는 누구도 부인할 수 없는 혹은 누구에게나 용인되는 명확함, 즉 '절대 가치'가 있기 때문이다.

　'5세가 된 사람은 어린이다'는 모든 조건 하에서 참이다. 그렇기 때문에 '절대 진리'이다. 한편 '65세가 된 사람은 어린이다'는 '절대 거짓'이다. 그러나 '17세가 된 사람은 어린이다'는 다른 이야기이다. 어떤 조건 하에서는 거짓이 되지만 또 다른 어떤 조건 하에서는 참이 될 수도 있기 때문에 이것은 절대 진리도, 절대 거짓도 아니다. 이처럼 우리는 세 가지 가능한 가치를 가지고 있다. 절대 진리, 절대 거짓 그리고 어느 쪽도 아닌 것. 이들은 절대 가치라고 알려져 있다.

자, 이제 다시 장미꽃 다발의 이야기로 돌아가 보자. 비 오는 수요일에 당신이 빨간 장미 한 다발을 받았다면 당신이 받은 장미 다발에는 몇 송이의 장미꽃이 있었는가. 그리고 거기에서 한 송이의 장미를 빼낸다면 그것은 '다발'의 경계로부터 멀어지는가? 그렇다면 몇 송이의 장미가 모여 있을 때부터 이것을 '다발'이라고 부를 수 있는가? 열 송이의 장미를 한 다발이라고 한다면 이것은 절대 진리인가, 절대 거짓인가 아니면 둘 다 아닌가?

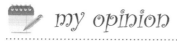 my opinion

날아가는 화살은
날지 않는다

앞 장에서 아킬레스가 절대로 거북이를 따라잡을 수 없다고 역설했던 제논이 이번에는 날아가는 화살에 대한 패러독스를 얘기한다. 제논이 활동하던 당시 엘레아 학파와 철학이 달랐던 피타고라스 학파는 '시간은 크기가 없는 무한한 시각의 모임'이라고 주장했다. 이를 반박하기 위하여 제논은 날아가는 화살에 대하여 다음과 같이 얘기했다.

제논의 패러독스(2)

    화살은 화살이 점유하고 있지 않은 공간을 움직일 수 없다. 또한 화살은 화살이 공간을 점유하고 있는 한 역시 움직일 수 없다. 그러나 날아가는 화살은 항상 그것이 있는 공간을 차지한다. 따라서 항상 그 자리에 머물러 있다.

    활시위를 당겨서 화살 하나를 쏘았다고 가정하자. 쏘아진 그 화살은 무수히 나누어진 순간 중 어느 한 순간에 머물러 있는 것이기

때문에 화살은 화살이 있는 자리에서 움직일 수 없다. 움직임이란
시간의 지남에 따른 공간의 변화이므로, 화살은 시간의 한 간격을
움직이는 것이다. 순간은 길이를 가지지 않기 때문에 시간의 한 순
간 동안은 움직일 수 없다. 그렇다면 이는 화살이 매 순간 정지해 있
으므로 결국 결코 움직일 수 없다는 것을 의미하는가? 날아가는 화

살이 움직이지 않는다면 빌헬름 텔이나 로빈 후드의 전설은 어떻게 이해해야 할까?

그렇다면 이 문제는 어떻게 해결해야 할까. 이 역시 앞 장의 경우와 마찬가지로 극한과 수렴의 개념으로 설명할 수 있다. 비록 화살이 무수히 나눠진 시간의 어느 한 순간 동안에는 이동할 수 없지만 그렇다고 해서 화살이 그 순간에 움직이고 있는 중이 아닌 것은 아니다. 이것은 그 순간의 전과 후에 움직이고 있는 중이냐의 문제이다.

쉽게 예를 들어보겠다. 누군가 당신에게 어제 정오에 뭘 하고 있었느냐고 물었을 때, 점심을 먹고 있었다거나 혹은 산책 중이었다고 대답하는데에는 아무런 하자가 없다. 그러나 제논의 패러독스가 옳다면 세상엔 밥을 먹는다거나 걸어가는 등의 물리적 운동이 포함된 어떤 활동도 없었을 것이다. 물론 당신은 그 순간 동안 식사를 마쳤다거나 산책을 마친 것일 수는 없다. 오히려 그 순간 당신은 밥을 먹거나 산책을 하는 과정에 있었을 것이다.

그러므로 날아가는 화살은 화살이 움직이고 있는 시간의 연속성 위에서 매 순간 움직이는 과정에 있는 것이다.

임의의 순간 i의 전과 후의 가까운 순간에 화살이 각각 다른 위치에 있다면 화살은 순간 i에서 움직이고 있는 것이다. 그리고 화살이 그 위치를 바꾸지 않는 그 순간을 포함한 시간상의 간격이 있을 때 화살은 단지 그 순간만 정지해 있다.

그렇다면 이제 속도의 문제를 논해보자. 하나의 주어진 순간에 화살이 움직이는 중이라면 움직이는 것에는 틀림없이 속도가 있다. 이것의 평균 속도를 구하려면 화살이 이동한 거리를 이동에 소요된

시간으로 나누면 된다. 그러나 한 순간의 이동 거리와 시간은 너무 미세하기 때문에 어떤 한 순간에 있는 화살의 속도는 이런 방법으로는 계산할 수 없다.

그렇다면 어떻게 화살은 무수히 나눠진 그 한 순간에 속도를 가질 수 있을까? 순간 i의 속도는 0에 수렴하고 i를 포함하는 거리 안의 평균 속도의 극한값과 동일시된다. 가장 간단한 경우는 화살이 그런 구획들을 일정하게 똑같은 속도로 날아갈 때이다. 그러면 화살은 이런 구획에서의 각각의 순간을 그 속도로 이동해 갈 것이다.

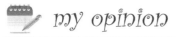
my opinion

트리스트럼 샨디의 자서전은 언제 완성될까

아일랜드 출신의 작가 로렌스 스턴(Laurence Sterne, 1713-1768)이 쓴 '신사 트리스트럼 샨디의 생애와 의견(The Life and Opinions of Tristram Shandy, Gentleman)'이라는 소설이 있다. 1760년에 1권과 2권이 출판되기 시작하여 1767년 9권이 출판되었지만 여전히 미완성으로 끝났다. 이 작품은 영국 문학에서뿐만 아니라 세계문학에서도 특이한 작품으로 평가된다.

러셀의 패러독스

제목에 따르면 주인공이라고밖에 볼 수 없는 트리스트럼 샨디가 수태되는 것으로부터 시작되는데 3권의 마지막에 가서야 겨우 주인공이 탄생하며 6권에서도 그는 여전히 어린아이이다. 이야기의 줄거리도 탈선을 반복하여 무엇을 이야기 하려는지 파악할 수 없다. '작가의 서문'이 중간에 갑자기 나오는가 하면 도표가 등장하는 등 기발한 장치가 많이 동원된 작품이다. 이 소설은 19세기에는 무시되었다가 20세기에 들어서 제임스 조이스, 버지니아 울프 등 소위 '의식의 흐름'을 도입한 작품의 원조라는 평가를 받게 되었다.

　매우 흥미로운 소설임에 틀림없다. 그러나 읽기에는 좀 지루할 것이다. 아홉 권이나 되는 책을 모든 사람들이 다 읽었으리라고 생각하지는 않는다. 그러나 앞에서도 한 번 언급했던 영국의 논리학

휴~ 겨우 다읽었다...

러셀

자, 수학자, 철학자며 사상가인 러셀(Bertrand Russell)은 이 작품을 다 읽은 모양이다. 그는 다음과 같은 역설을 제시했다.

트리스트럼 샌디는 그의 자서전에서 최초의 이틀을 묘사하는데 두 해가 걸렸다. 만일 그가 영원히 죽지 않는다면 그는 같은 비율로 자서전을 계속 써 나갈 수 있으며, 그럼에도 불구하고 그 자서전을 끝낼 수 있다.

이틀을 묘사하는데 2년이 걸린다는 비율이라 해도, 만일 주인공이 영원히 살기만 한다면 이 주인공은 그의 모든 생애를 다룰 수 있다는 말이다. 이제 수학적으로 따져 보자. 연속된 이틀은 연속적인 2년과 정확하게 대응된다. 일대일 대응에 대해서는 앞 장 '힐버트의 호텔'에서 설명했다.

트리스트럼 샌디가 자서전을 쓰기 시작한 해를 제 1년이라고 하면 출생 후 제 1일과 제 2일의 기록은 제 1년과 제 2년에 완성된다. 이런 식으로 이틀과 2년을 각각 대응시킨다면 태어나서 5일 째와 6일 째의 기록은 제 5년과 제 6년에 완성되며, 출생 후 99일과 100일의 기록은 한 세기 뒤인 제 99년과 제 100년에 쓰여질 것이다. 세 살 때의 이야기는 천 년 이상이 지나야 쓰게 된다. 이렇게 해서 주인공이 영원히 죽지만 않는다면 그에게는 자서전을 완성할 수 있는 영원

한 시간이 존재하게 된다. 시간이 흐를수록 과거의 희미한 기억을 되살리려면 매우 어렵겠지만 그거야 트리스트럼 샨디의 문제일 뿐이다.

모든 집합들의 집합은 변칙이다

어떻게 생각하면 수학이라는 과목에서도 가장 머리를 써야 하는 영역인 집합을 얘기할 때 절대로 짚지 않고는 넘어갈 수 없는 사람이 있다. 바로 독일의 철학자이자 수학자인 게오르크 칸토어(Georg Cantor, 1845-1918)이다. 집합론과 무한이론의 새로운 장을 연 이 위대한 수학자는 러시아의 부유한 상인의 아들로 태어나 어릴 때 아버지와 함께 독일의 프랑크푸르트로 이주하였다. 취리히 대학과 베를린 대

칸토어의 패러독스

학 등에서 철학, 물리, 수학을 공부하여 1867년 스물 둘의 젊은 나이에 박사학위를 받았다. 이 젊은 학자는 무한집합(無限集合)에 관하여 가히 혁명적인 연구를 발표하여 당시의 학계에 격렬한 논쟁을 불러일으켰다. 그리고 많은 천재들이 불행한 최후를 맞았듯이 칸토어 역시 정신장애를 일으켜 말년을 정신병원에서 보내다가 여생을 마치고 말았다.

이제 집합에 대한 칸토어의 패러독스를 살펴보자. 칸토어는 다음과 같이 주장한다. '모든 집합들의 집합인 S는 반드시 존재하는 집합들 중 가장 큰 집합이 되어야만 한다. 그러나 모든 집합의 집합 S의 멱집합은 S보다 크다.'

만일 일종의 품목이 무한하게 많이 있다고 한다면, 상식적으로 그것은 가능한 한 있을 만큼 많이 있다는 것을 의미한다. 그러나 칸토어는 결국 더 크고 그보다 더 큰 무한이 있는 것은 아니라는 것을

논증하였다. 처음에는 많은 반대를 받았지만 점차 수학자들에 의하여 이 논증이 받아 들여졌다. 그럼에도 불구하고 이것은 오늘날에도 논란을 불러 일으킨다.

칸토어가 논법에서 보여주는 단순한 형식에서 중요한 것은 바로 자신의 부분집합의 집합인 멱집합에 대한 개념이다. 우선 부분집합의 개념에 대해 알아보자.

국어 선생님들의 집합은 선생님들의 집합에 속하는 부분집합이다. 국어 선생님들의 집합을 x, 모든 선생님들의 집합을 y라고 하면 'x는 y의 부분집합이다'라고 말할 수 있다. 그리고 y의 원소가 아니면 x의 원소가 되지 않는다. 즉 모든 선생님들의 집합에 속하지 않는다면 국어 선생님들의 집합에 속할 수도 없는 것이다.

그러나 이 정의는 아무런 원소도 가지지 않는 공집합의 경우를 다루기에는 다소 어려운 방법이다. 공집합은 어떤 집합의 부분집합도 되기 때문이다. 공집합이 y의 부분집합이라고 해도, 공집합은 원소가 없는 집합이기 때문에 y의 원소가 아니라고 해서 공집합의 원소가 아닌 것은 아니다.

한 집합의 멱집합은 그 집합의 부분집합들의 집합이다. 예를 들어서 원빈과 효리를 원소로 가지는 작은 집합을 가정해 보자. 이 두 명의 친구는 토요일 저녁이면 특정 레스토랑에서 식사를 한다. 그리고 이 레스토랑의 지배인은 매주 두 사람을 위해 자리를 마련해 놓는다. 비록 때로 그 둘 중 한 사람만 오거나 드물게는 아무도 나타나지 않을 수 있다는 것을 지배인은 알고 있다. 그는 네 가지 경우 중 하나를 준비한다. 원빈과 효리가 함께 올 경우, 원빈 혼자 올 경우, 효리 혼자 올 경우, 아무도 오지 않을 경우. 이를 집합 {원빈, 효리}의 부분집합으로 나타내면 다음과 같다.

이 경우 집합의 원소는 원빈과 효리 둘 뿐이지만 부분집합은 넷이 된다(원소가 두 개인 집합의 부분집합은 $2^2=4$).

좀 더 복잡한 경우로, 숫자 1, 2, 3을 원소로 가진 집합을 생각해 볼 수 있다. 이 집합 {1, 2, 3}의 부분집합은 다음과 같다.

{1, 2, 3}, {1, 2}, {1, 3}, {2, 3}, {1}, {2}, {3}, ∅

즉 원소가 세 개인 집합의 부분집합은 여덟 개가 된다(원소가 세 개인 집합의 부분집합은 $2^3=8$).

위의 두 가지 예에서 보듯이 하나의 원소를 유한집합에 첨가할 때마다 그 유한집합의 부분집합의 수는 두 배씩 커진다. 그것은 원래의 부분집합 각각에 대하여 새로운 원소를 추가함으로써 새로운 부분집합을 만들게 되기 때문이다. 만일 어떤 집합이 n개의 원소를 가졌고, n은 유한의 정수일 때, 이 집합의 멱집합은 2^n개의 원소를 가진다. 그리고 2^n은 언제나 n보다 크기 때문에 하나의 유한집합은 그것의 멱집합보다 항상 작다. 물론 더 큰 유한집합을 만들려면 그것의 멱집합을 취하는 것보다 훨씬 더 쉬운 방법이 있다. 새로운 원소를 더하면 된다. 그러나 이것은 무한집합에는 적용되지 않는다.

그러나 칸토어는 χ가 무한일 때조차 χ의 멱집합이 χ보다 항상 크다는 것을 보여주었다. 이것은 '칸토어의 정리'로 알려져 있다. 칸토어는 이 증명에서 두 개의 집합에서 집합의 크기를 비교하는 데에는 원소의 수를 세는 것이 아니라 두 집합의 원소를 일대일 대응함으로써 비교할 수 있음을 보여주었다.

이제 칸토어의 패러독스로 돌아가 보자. 당신이 현재 어떤 집합으로 시작하든지 그 집합의 멱집합을 취함으로써 언제나 더 큰 집합을 가진다는 것을 보여주었다. 그렇다면 모든 집합들의 집합을 생각해 보자. 그 집합의 원소는 모든 집합들이기 때문에 존재하는 한 가장 큰 집합이 되어야 한다. 그러나 칸토어의 정리에 따르면 이 집합의 멱집합은 더 많은 집합을 원소로 가지고 있어야 한다. 그러므로

모든 집합들의 집합은 존재하는 집합 중 가장 큰 집합이 됨과 동시에 가장 큰 집합이 아닌 것이다. 이 패러독스의 교훈은 이것이다. 모든 집합들의 집합은 변칙이다.

my opinion

사형수는 절대로 죽지 않는다

어떤 나라의 법에 의하면, 사형수는 선고 받은 후 1년 이내에 형을 집행하도록 되어 있다. 그런데 여기에는 또 하나의 조건이 붙는데, 그 사형 날짜를 사형수가 미리 알아서는 안 된다는 것이다. 그렇다면 사형수의 형 집행은 언제 일어날까.

순전히 수학적 패러독스로만 얘기한다면 사형 집행은 절대로 일어날 수 없다. 사형 판결 이후 1년 안에 집행이 이루어져야 하기 때

역행귀납논법의 패러독스

문에 적어도 365일 째에는 사형이 집행될 것이라는 것을 사형수가 알 수 있다. 이것은 사형수가 날짜를 알아서는 안 된다는 규정에 어긋난다. 따라서 365일 째에는 사형을 집행할 수 없다. 365일 째가 사형 집행일이 될 수 없기 때문에 늦어도 364일 째에는 사형이 집행될 것이다. 그러나 이것도 사형수가 추론할 수 있기 때문에 사형수에게 알려서는 안 된다는 규정에 어긋난다. 따라서 364일 째에도 사형을

집행할 수 없다. 같은 이유로 363일 째에도 사형을 집행할 수 없다. 이런 식으로 거슬러 올라가다 보면 1년 내내 사형을 집행할 수 없게 된다. 따라서 사형수는 절대로 죽지 않는다.

쉽게 수긍할 수도 없고 그렇다고 쉽게 반박할 수도 없는 이 이야 기는 역행귀납논법(逆行歸納論法)의 한 예이다. 위의 경우와 유사한 예를 하나 더 들어보자.

　명망 있는 교수가 학생들에게 다음 주 중에 기습적인 시험이 있을 것이라고 발표했다. 기습적인 시험이라는 것은 시험이 있을 날짜를 예측할 수 없다는 말이다. 따라서 학생들이 예측할 수 있는 날에 시험을 치를 수는 없다. 만일 목요일 저녁까지도 시험이 치러 지지 않았다면 주 중의 마지막 날인 금요일에는 반드시 시험이 치 러져야 하기 때문에 학생들은 이를 충분히 예측할 수 있다. 따라서 학생들이 예측할 수 있는 금요일에는 시험이 없을 것이다. 만일 수요일 저녁까지도 시험이 없었다면, 이미 금요일에는 시험이 치러질 수 없기 때문에 남은 날은 목요일인데 이는 학생들이 충분히 예측할 수 있다. 따라서 목요일에도 기습 시험은 실시될 수 없다. 이와 같은 식으로 거슬러 올라가면 결국 일주일 내내 기습적인 시험을 치를 수 있는 날은 하루도 없다. 그러나 실제 상황에서는 그 교수의 기습적 시험은 어김없이 실시될 것이다.

　이 논리적인 추론에도 불구하고 기습 시험은 틀림없이 실시될 수 있는 가능성을 가지고 있다. 학생들이 논리가 부족하다거나 기억력이 미미하다는 의미는 아니다. 오히려 우리는 여기에서 학생들이 완벽하게 논리적이며 기억력의 결함이 전혀 없을 뿐만 아니라 학생들 역시 자신들이 논리적이며 기억력이 좋다는 것을 알고 있다는 것을 전제로 해야 한다. 그렇지 않다면 패러독스가 될 수 없다.

그러나 역행귀납논법은 진실로 시작될 수 있을까? 목요일 저녁에 학생들은 이렇게 생각한다. '내일 시험이 있다면 우리가 이미 예측하고 있는 것이며, 아니면 시험이 없을 것이다. 그러나 이 경우 시험을 예측할 수 없다는 교수의 선언이 충족될 수 없기 때문에 내일 시험이 있을 것이라는 것을 더 이상 확신할 수 없다. 따라서 시험이 있다면 결과적으로 기습 시험이 될 수 있다. 그러나 이 경우 기습 시험이 있다는 것을 우리가 예측하고 있기 때문에 또 다시 이 시험은 기습적이 될 수 없다.' 이러한 추론은 무한정 계속 돌고 돌 것이다. 이처럼 불안정한 조건에서 학생들은 시험이 있을지 확신할 수 없다. 따라서 만일 시험이 치러진다면 이것은 기습 시험이 될 것이다. 결과적으로 이 논법은 시작될 수도 없다. 기습 시험은 금요일에조차 실시될 수 있는 것이다.

어쨌든 학생들이 시험이 있을 것이라고 확신할 수 있는 상황을 가정해 보자. 이번 시험은 지난 수년에 걸쳐서 실시되어 온 것이고, 그 시험이 올해에 갑자기 취소된다는 것은 상상할 수 없는 일이다. 혹은 그 교수가 매우 명망이 드높기 때문에 학생들은 기습 시험이 있을 것이라는 그 교수의 말을 전적으로 신뢰하고 있다는 상황도 가정할 수 있다. 물론 시험이 기습적이 아니고 예측할 수 있었다고 하는 것이 시험이 치러지지 않는다는 것과 같은 의미는 아니지만 여기

에서는 잠시 무시하기로 한다. 중요한 것은 기습적인 시험이니까.

만일 목요일 저녁까지 시험이 없었다면 학생들은 마지막 날에는 시험이 있을 것이라는 것을 알게 되기 때문에, 이 경우 금요일에 치르는 시험은 기습적이 될 수 없다. 따라서 이 경우에는 추론이 시작된다. 그러나 이것은 그리 멀리 전개될 수는 없다. 수요일 저녁에 학생들은 이렇게 생각할 것이다. '금요일은 이미 불가능해졌으니까 시험이 가능한 날은 내일이다. 그러나 그렇게 되면 내일이 시험이란 것을 우리가 예측할 수 있다. 만일 교수의 약속이 지켜지지 않는다면, 즉 시험은 기습적이 아닌 게 된다면 이제 시험을 치룰 수 있는 날은 이틀이 남았다. 그리고 우리가 그 둘 중 하루를 선택할 수는 없다. 그렇다면 금요일은 아니라고 해도 내일은 기습적인 것이 되는가? 그러나 우리가 이미 내일을 예측하고 있는 한 내일의 시험은 기습적인 것이 아니다.'

이와 같은 논리는 무한정 계속될 수 있다. '만일 교수의 조건이 충족되지 않는다 해도, 즉 시험이 기습적인 것이 아니라고 해도, 아직도 시험을 치를 수 있는 날이 이틀이 남아 있다'와 같은 불안정한 조건에서는 시험이 목요일에 치러질 것이라는 것을 확신할 수 없다. 이처럼 확신할 수 없는 상황에서 교수가 목요일에 시험을 실시한다면 이는 기습적인 시험이 되는 셈이다.

📝 my opinion

....

논리 패러독스

수학적으로 신은 존재할 수 없다 / 스핑크스의 자존심을 상하게 하는 법 / 죽느냐 사느냐, 그것이 문제로다 / 대체 누가 거짓말을 하는데? / 살인을 하려면 예의 바르게 하라 / 번쩍인다고 해서 모두 금은 아니다 / 각각 다른 세 가지 확률의 비밀 / 세상에서 가장 방이 많은 호텔

수학적으로 신은 존재할 수 없다

이 세상에 모든 것을 아는 사람은 없다. 이 말에는 누구나 공감할 것이다. 그러나 원칙적으로 누군가가 모든 진리를 알 수 있다는 것이 가능하지 않을까? 적어도 논리적으로는 신이 전지전능하다는 것은 가능하지 않을까? 이런 질문에 대하여 대부분의 사람들은 깊이 생각해 본 적이 없다고 대답할 것이다. 신이 전지전능하다는 것은 믿음의 문제이기 때문에 논리적으로 해결할 수 없는 듯이 보인다.

전지전능의 패러독스

그러나 이 세상에 전지전능은 존재할 수 없다는 것을 수학적으로 증명하고자 한 사람이 있다. 모든 진리를 아는 누군가가 있기 위해서는 당연히 모든 진리라는 것이 존재해야 한다.

패트릭 그림(Patrick Grim)은 '집합 S의 멱집합*은 항상 S보다 크다'는 칸토어의 정리를 차용하여 모든 진리가 존재할 수 없다는 것을 증명하였다.

모든 진리의 집합 T가 있다고 가정하자. T={ t_1, t_2, t_3..., t_i, t_i+1, t_i+2... }. T의 멱집합은 이것의 모든 부분집합들의 집합이다. 즉 공집합과 T 자신을 포함한 모든 집합들은 T의 원소로 이루어진다.

진리 t_1을 보자. 이것은 부분집합 { t_1, t_2 } 등 일부의 부분집합에 속한다. 그러나 이 원소 t_1은 공집합 Ø이나 { t_2,t_3 } 등 다른 일부의 부분집합에는 속하지 않는다. 멱집합 안의 각각의 부분집합 s는 't_1이 s

에 속한다'이거나 't₁이 s에 속하지 않는다'는 형태의 진리가 될 것이다. 그러나 T의 멱집합이 T보다 크기 때문에 T 안에 있는 진리보다 더 많은 진리가 멱집합 안에 있을 것이다. 따라서 T는 모든 진리의 집합이 될 수 없다.

위 논증대로라면 이 세상에 모든 진리를 아는 자는 없는 것이다. 전지전능한 신은 존재하지 않는다. 그러나 진리를 완벽하게 안다는 것을 이렇게 해석해도 되는 것일까? 다른 철학자들의 주장에 의하면, 진리를 완벽하게 안다는 것은 러셀의 패러독스에서 제시된 무한하게 증가하는 개념으로 취급되어야 한다. 즉 전지전능한 존재란 자신이 알고 있는 진리의 집합을 무한하게 확장시킬 수 있는 존재로서 생각할 수 있다.

진리 원소 ti들의 최초의 총합은 s에 속하거나 속하지 않는 각각의 진리 ti가 첨가될 때마다 증가한다. 증가된 총합의 멱집합으로부터 새로운 멱집합과 새로 첨가된 것들의 원소 s 각각에 대하여 (최초가 아닌) 나중의 형태의 확장된 모든 진리가 생성된다. 이런 과정이 무한하게 계속된다. 이런 식의 유한하게 많은 과정을 거친 다면 어떤 진리든 그 증가된 총합에 포함될 것이다.

*멱집합: 주어진 집합의 모든 부분집합의 집합. 집합 M의 멱집합을 2N으로 나타내면 이 때 M의 부분집합에는 M 자신과 공집합도 포함한다. 예를 들어 집합 M={0,1,2}일 때, M의 멱집합 2N은 2N={{0,1,2},{0,1},{0,2}, {1,2},{0},{1},{2},Ø}가 된다. M이 n개의 원소로 이루어진 유한집합이면 M의 멱집합 2N은 2n개의 원소를 가진다.

my opinion

스핑크스의 자존심을 상하게 하는 법

험한 강물 위에 다리가 하나 놓여 있다. 당신은 이 다리를 건너가 야 한다. 그런데 이 다리에는 스핑크스가 버티고 있다. 사람의 머리 와 사자의 몸체를 가진 스핑크스는 그리스 신화에 여러 가지 일화를 남기고 있다. 그 중에서도 가장 유명한 것은 테베의 산에 살면서 그 곳을 지나가는 사람에게 '아침에는 네 발로 걷고, 낮에는 두 발로, 밤 에는 세 발로 걷는 짐승이 무엇인가'라는 수수께끼를 내어 그것을

뷔리당의 패러독스(1)

풀지 못한 사람을 잡아먹었다는 전설이다. 이 '스핑크스의 수수께끼'는 오이디푸스에 의하여 풀렸다. 어렸을 때에는 네 발로 기고, 성인이 되면 두 다리로 걷고, 늙으면 지팡이에 의지하기 때문에 세 다리로 걷는 짐승은 사람이라고 답을 말하자 자존심이 상한 스핑크스는 물 속에 몸을 던져 죽었다고 한다.

그 스핑크스가 지금 당신이 건너고자 하는 다리를 지키고 있다.

이번에도 스핑크스는 당신에게 어려운 수수께끼를 던질 것이다. 스핑크스는 이렇게 말한다.

내가 맹세하노니 네가 지금부터 하는 말이 진실이면
나는 네가 다리를 건너도록 할 것이고,
거짓이라면 너를 먹어버릴 것이다.
내가 너를 잡아 먹겠는가?

목숨이 걸린 문제이기 때문에 신중해야 한다. 스핑크스는 봐 주지 않는다. 그러나 다행인 것은 자존심 때문에 약속은 꼭 지킨다는 것이다. 건너도록 허락해 놓고 뒤에서 잡아먹거나 하지는 않을 것이다. 만일 당신이 이와 유사한 퍼즐을 여러 번 풀어 봤다면 다음과 같이 대답할 것이다.

당신은 나를 잡아먹을 것이오.

브라보. 당신은 성공했다. 스핑크스는 당신의 말이 진실인지 아닌지 알아내는데 어려움을 겪을 것이다. 당신의 말이 진실이라면, 즉 스핑크스가 당신을 잡아먹을 것이라면, 당신은 진실을 말했기 때문에 잡아먹히지 않고 다리를 건너게 되어야 한다. 만일 당신의 말이 거짓이라면, 즉 스핑크스가 당신을 잡아먹을 것이 아니라면, 당신은 거짓을 말했기 때문에 스핑크스가 당신을 잡아먹어야 한다. 그러나 그렇게 된다면, 즉 스핑크스가 당신을 잡아먹게 된다면, 당신이 한 말은 진실이 되는 셈이다. 그러므로 스핑크스는 당신에게 길을 비켜주어야 한다.

이와 유사한 수수께끼는 많이 존재한다. 여기에 제시한 예에서는 저자의 임의대로 스핑크스가 다리를 지키고 있는 것으로 했지만, 힘센 악당이나 무시무시한 괴물이 버티고 있을지도 모른다. 그러나 누가 그 다리를 지키고 있든지 기본적으로 논리적 사고가 가능해야 한다. 그렇지 않다면 명제의 진실/거짓을 잘못 추론할 수도 있고, 생각 자체가 귀찮아서 일단 당신을 잡아 먹어 버릴지도 모른다.

이것은 중세 스콜라 철학자인 뷔리당(Jean Buridan, 1300-1358)의 열일곱 번째 궤변으로부터 시작한다. 프랑스에서 출생한 뷔리당은 1327년에 파리대학의 학장이 되었다. 영국의 스콜라 철학자인 오컴의 제자로 자연학에서 아리스토텔레스의 영향을 제거하는데 노력하였다.

아리스토텔레스를 추종하는 많은 철학자들은 미래 경험적 명제가 진리 값을 가진다는 것을 거부해 왔다. 이 관점에서 본다면 미래에 일어날 수도 있고 혹은 일어나지 않을 수도 있는 어떤 일에 대하여 한 말이기 때문에 '당신은 나를 잡아먹을 것이오'라는 당신의 말은 진실이 될 수 없을 것이다. 그러나 이것은 동시에 거짓이 될 수도 없다. 그러나 아리스토텔레스의 관점에서 진리는 지식이나 숙명과 혼동된다. '당신은 스핑크스에게 잡아먹힐 것이다'가 참이라고 말한다고 해서, 누군가 당신이 기필코 잡아먹히리라는 것을 알고 있다는 것도 아니고 혹은 이미 당신의 운명이 그렇게 결정되어 있다는 것도 아니다. 이것이 진실이냐 혹은 거짓이냐하는 것은 앞으로 스핑크스가 어떻게 행동할 것인지에 달려있는 것이다.

뷔리당의 주장에 의하면 그러한 상황에서 스핑크스가 그의 맹세를 지키는 것은 논리적으로 불가능한 것이 된다. 스핑크스는 그의 맹세를 지킬 의무가 전혀 없다. 왜냐하면 그렇게 할 수 없기 때문이다. 이것이 뷔리당의 결론이다. 논리적인 이유 때문에 맹세가 지켜질 수 없다는 뷔리당의 궤변은 패러독스 중에서 가장 피상적인 부류에 속한다.

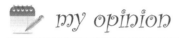 my opinion

죽느냐, 사느냐
그것이 문제로다

앞 장에서 소개한 중세 철학자 뷔리당이 했다고 전해지는 말 중에서 가장 유명한 것은 아마도 '뷔리당의 당나귀'라고 알려져 있는 궤변일 것이다. 당나귀의 예는 단순하다. 굶주리고 목마른 당나귀가 각각 물동이가 옆에 놓인 두 개의 건초더미 사이의 한가운데 앉아 있다. 둘 중의 하나를 선택해야 하는데 어느 쪽도 더 좋아 보이지 않는다. 그래서 당나귀는 결정을 하지 못한 채 그 자리에 앉아서 굶어

뷔리당의 패러독스(2)

죽었다는 것이다.

동질 동량의 먹이를 양쪽에 놓아두었을 때 당나귀가 어느 쪽 먹이를 먹을 것인가를 결정하지 못하여 아사한다는, 어쩌면 코믹하기까지 한 이 이야기는 두 개의 동등한 힘의 모티프 사이에서 의지를 행사할 수 없다는 것을 증명하는데 사용된 예이다. 그렇다면 만일 우리가, 목마르고 배고픈 우리가 음식과 물이 놓여진 두

개의 테이블 사이에서 당나귀와 비슷한 처지에 놓여 있다고 상상
해보자. 둘 중 하나의 테이블을 선택하지 못한 채 결국 굶어죽을
것인가?

만일 위에서 예로 든 불쌍한 당나귀가 지금까지 살아온 일상적

인 역사를 통해서 볼 때, 당나귀로 하여금 어느 한 쪽을 선택하도록 유도할 만한 것이 아무것도 없다고 가정한다면, 즉 만일 당나귀의 모든 행동이 인과적으로 미리 예정되어 있다면 당나귀는 거기 앉아서 굶어죽을 것이다. 이는 인과결정론(因果決定論)적인 입장이다. 즉 모든 것은 선행하는 원인으로부터 필연적으로 발생한 결과라는 것인데, 그 선행하는 원인 역시 그에 선행하는 원인으로부터 오는 필연적인 결과로, 이런 연쇄는 무한히 계속된다는 입장이다.

우리는 이러한 패턴이 사람의 경우에도 적용될 것이라고 예상할 수도 있다. 그렇다면 만일 어떤 사람이 음식이 차려진 두 개의 테이블 사이에 있을 때 그는 조건이 같은 두 개의 테이블 중에서 어느

특정한 한 쪽으로 갈 것인지 선택할 수 없을 것이다. 어쩌면 그는 동전을 던져서 결정하려고 할지도 모른다. 그러나 문제는 그로 하여금 동전의 앞면을 어느 쪽 테이블과 연결시킬 것인지 결정하도록 하는 것이 아무것도 없다는 것이다. 마찬가지로 나뭇가지를 하나 꺾어서 나뭇잎의 수를 세어 결정하려고 해도 홀수와 짝수를 각각 어느 쪽 테이블과 연결시킬지 결정할 요인이 없다.

이처럼 만일 발생하는 모든 일들이 선행되는 원인에 의해 결정된다면 결정할 요인이 전혀 없는 그 사람은 굶어죽을 수밖에 없다. 이 불가능하게 보이는 상황은 원칙적으로는 발생할 수 있는 일처럼 보인다. 그러나 자신의 상황을 발견한 사람이 자신을 굶어죽도록 내버려 둘 것인가? 그보다는 한 쪽의 테이블을 선택하기 위한 방법을 찾아내려 하지 않겠는가?

이제 인과결정론은 참이 아니라고 주장할 수 있다. 그러나 그렇게 쉽게 결론을 내릴 수 있을까? 만일 그 사람이 A와 B, 두 개의 테이블 중에서 A로 갔을 때 그의 결정에 영향을 주었거나 원인을 설명할 수 있는 것이 그의 인과 역사 전체를 통해서 하나도 없었다고 말할 수는 없을 것이다. 만일 그가 거기 서서 죽는다면 우리는 그가 자살했다거나 미쳐버렸다고 생각할 것이다.

그러나 사람들은 실제로 자살을 저지르고 미쳐버리기도 한다. 바꾸어 말해서 만일 당신이 양쪽 테이블 중에 어느 쪽도 선택하지 못하는 말도 안 되는 상황에 처해 있다고 한다면 당신은 둘 중의 하나이다. 즉 자살할 만한 이유를 가지고 있거나 이성적으로 행동할 능력이 없거나.

대체 누가
거짓말을 하는데?

앞에 두 번이나 등장했던 철학자 뷔리당의 또 한 가지 패러독스를 살펴보자. 그의 아홉 번째 궤변은 거짓말쟁이 패러독스 중에서 순환되는 거짓말의 예를 제시한다. 소크라테스와 플라톤이 각각 다음과 같은 말을 한다.

소크라테스: (명제 S) '플라톤이 말하고 있는 것은 거짓이다.'

자기언급적 패러독스

플라톤: (명제 P) '소크라테스가 말하고 있는 것은 참이다.'

이 패러독스에 대한 자세한 설명은 '에피메니데스의 패러독스' 편에서 자세하게 다루고 있으므로 여기에서는 생략하겠다. 그러나 이 거짓말의 순환을 일반화함으로써 좀더 길이가 긴 간접적 자기 언급의 고리를 만들어 낼 수 있다.

(명제 S1) 다음에 오는 문장은 참이 아니다.

(명제 S2) 다음에 오는 문장은 참이 아니다.

(명제 S3) 다음에 오는 문장은 참이 아니다.

⋮

(명제 Sn) 첫 번째 문장은 참이다.

이들 명제들은 번갈아 가면서 참이나 거짓이 된다. 즉 참—거짓—참—거짓이 반복되거나 거짓—참—거짓—참이 반복되는 것이다. 그런데 명제 Sn이 참이면 명제 S1도 참이 되고, 명제 Sn이 거짓이면 S1도 거짓이 된다. 여기에서 문제는 명제가 몇 개인가 하는 것이다. 마지막 명제, 즉 n번째 명제에서의 n이 홀수냐 짝수냐에 따라서 진리 값이 달라진다는 점이다. 바로 이것이 패러독스이다.

예를 들어서 n이 홀수 7이라고 가정해 보자. 명제 S7이 참이면 S1도 참이다. S1이 참이면 S2는 거짓, S3는 참, S4는 거짓, S5는 참, S6는 거짓, S7은 참이 되어 논리적인 모순이 없다. 마찬가지로 S7이 거짓일 때에도 고리는 한 바퀴 돌아서 다시 S7이 거짓이 된다. 그러

나 n이 짝수 6일 때에는 경우가 다르다. 명제 S6이 참이면 S1도 참이 되어야 한다. 뒤이어 S2는 거짓, S3는 참, S4는 거짓, S5는 참이 되어 S6은 거짓이 된다. 말이 안 된다.

이 점에 대하여 야블로(S. Yablo)라는 수학자는 다음과 같이 설명한다. 가령 무한하게 연속되는 일련의 문장이 있다고 하자.

(명제 Y1) 다음에 오는 모든 문장들은 참이 아니다.
(명제 Y2) 다음에 오는 모든 문장들은 참이 아니다.
⋮
(명제 Yn) 다음에 오는 모든 문장들은 참이 아니다.

이들 연속되는 문장에서 '참'이나 '거짓'의 진리 값을 일관되게 지정할 수 없다는 것이 야블로의 역설이다.

야블로의 패러독스는 위에서 예로 든 뷔리당의 거짓말쟁이 패러독스와는 달리 무한히 연속되는 문장으로 구성되어 있다. 이 경우 첫 번째 문장인 Y1이 참이라고 한다면, 즉 다음에 오는 모든 문장들이 참이 아니라고 한다면, Y2부터 그 이후에 오는 문장들은 모두 참이 아닌 것이 되는데 이는 실제로 불가능하다. 반대로 Y1이 거짓이

라고 한다면, 즉 다음에 오는 모든 문장들이 참이 아닌 것이 아니라면, Y2부터 그 이후에 오는 문장들 중 적어도 하나는 참이 되어야 한다. 참인 그 문장 이후에 오는 문장들은 모두 거짓이 되어야 하는데 이 역시 불가능하다.

야블로는 이 패러독스가 거짓말쟁이 패러독스의 다른 버전과는 달리 자기언급을 포함하지 않는다고 주장한다. 각각의 문장이 그 이

후에 오는 문장에 대한 것이며 어떤 문장도 자기 자신에 대한 것이 아니라는 것이다. 그러나 여기에서도 각각의 문장은 암암리에 자기 언급적인 것처럼 보인다. '다음에 오는 모든 문장들'은 각각의 경우에 '이 문장 다음에 오는 모든 문장'으로 이해되기 때문이다.

📝 my opinion

살인을 하려면
예의 바르게 하라

누군가 당신에게 내일 뭘 할 예정이냐고 물어왔다. 당신은 이렇게 대답한다. '내일 나는 극장에 가서 영화를 보려고 해.' 이 말에는 당신이 내일 극장에 간다는 것과 영화를 본다는 두 가지가 모두 포함되어 있다. 좀 더 정밀하게 말하자면 당신은 내일 극장에 갈 것이고 그럼으로써 영화를 볼 것이다.

일반적으로는 위와 같은 문장을 사용하는데에 별 문제가 없다.

포레스터의 패러독스

그러나 철학자들이 어디 그렇게 만만할까. 포레스터라는 철학자는 다음과 같이 과장된 패러독스를 만들어냈다.

이런 문장이 있다고 하자. '만일 그대가 살인을 저지를 것이라면 예의 바르게 해야 한다.' 일단 당신이 살인을 저지른다는 것을 가정하라. 그 다음에 살인을 할 때에는 예의 바르게 해야 한다는 것이다. '당신이 A를 해야 한다'라는 것은 그 A에 의해 논리적으로 암시되는

것이라면 무엇이라도 해야 하는 것을 의미하기 때문이다. 당신이 예의 바르게 살인을 한다는 것은 당신이 살인을 저지른다는 것을 수반한다. 따라서 결론적으로 당신은 살인을 저질러야만 한다.

물론 당신은 살인을 저질러서는 안 된다. 그러므로 위의 논법에 의하면 당신이 살인을 한다면 반드시 살인을 해야 하면서 동시에 살인을 해서는 안 된다. 살아가다 보면 동시에 두 가지 모두 할 수 없는 경우가 있다. 예를 들어서 같은 시간에 친구 한 명은 영화관에 가자고 하고 다른 친구는 음악회에 가자고 한다. 나는 두 친구의 부탁을 둘 다 들어주고 싶지만 그럴 수 없다. 보통 이런 경우엔 한 명만 실망시킬 수 없기 때문에 어느 쪽에도 동참하지 않는 것이 현명한 방법이다.

그러나 예의 바른 살인의 예에서처럼 '반드시 해야만 하며 동시에 반드시 해서는 안 되는'은 예를 든 경우와는 다른 이야기다. '만일 당신이 살인을 한다면 반드시 예의 바르게 살인해야 한다'와 '당

신은 살인을 할 것이다'로부터 '당신은(비록 예의 바르지만) 살인을 해야만 한다'를 추론하는 것은 반론하고 싶은 흥미를 불러일으키는 예임에도 불구하고 논쟁의 여지가 있어 보이지 않는다.

그러나 꼭 그렇게 할 필요가 있는 것은 아니다. 당신이 A라는 일을 해야 할 때, A가 논리적으로 암시하는 일이면 무엇이든지 해야 한다는 일반 원칙은 매우 미심쩍다. '당신은 당신의 죄를 고백해야 합니다'라는 말은 당신이 죄를 지었다는 가정을 수반한다. 그러나 당신이 꼭 죄를 지었어야만 한다는 뜻은 분명 아니다. 이와 유사한 예는 수없이 많이 찾아낼 수 있다.

당신이 잘못을 깨닫게 되었다니 참으로 다행입니다.

이것은 당신이 잘못을 했기 때문에 다행이라는 의미가 아니다. 물론 당신이 어떤 잘못을 하지 않았다면 그것을 깨달을 일도 없었겠지만 말이다.

그녀는 우아하게 늙기를 바란다.

그녀가 늙지 않는다면 '우아하게 늙는' 일도 없겠지만 그렇다고 그녀가 늙기를 바라는 것은 아니다.

나는 편안하게 죽음을 맞이하고 싶습니다.

만일 죽지 않는다면 편안하게 죽을 수도 없겠지만 그렇다고 이
말이 내가 죽고 싶다는 뜻은 절대로 아니다.

당신의 결혼식에 참석하지 못해서 유감입니다.

만일 결혼식이 없었다면 놓쳤을 리도 없지만 그렇다고 해서 결혼식이 치러져서 유감이라는 의미를 담고 있는 것은 아니다.

my opinion

번쩍인다고 해서
모두 금은 아니다

매우 단순한 질문이다. 같은 모양의 상자 세 개가 있다고 하자. 무작위로 상자 하나를 선택했을 때 특정한 상자 하나를 고를 확률은 얼마일까? 답은 3분의 1이다. 문제가 너무 쉬웠나? 그러나 이처럼 단순명료한 확률에 대해서 알쏭달쏭한 수수께끼를 던진 사람이 있다. 프랑스 수학자 베르트랑(J. Bertrand, 1822-1900)은 1889년에 '확률의 계산'이라는 책을 저술했는데 그 안에서 다음과 같은 패러독스를 제시

베르트랑의 패러독스(1)

하였다.

　상자 세 개가 있다. 첫 번째 상자에는 금화가 두 개 들어 있고 두 번째에는 은화가 두 개 그리고 세 번째에는 금화와 은화가 하나씩 들어 있다. 각 상자는 따로따로 열어볼 수 있는 두 개의 칸으로 나뉘어 있는데 그 각각의 칸에는 동전이 하나씩 들어 있다. 당신이 세 개의 상자 중 하나를 무작위로 선택했다면 금화와 은화가 하나씩 들어 있는 상자를 고를 가능성은 얼마나 되는가? 물론 3분의 1이다.

그러나 당신이 상자 하나를 고르고, 그 상자의 한 쪽을 열어 금화 가 들어 있는 것을 알아냈다고 가정하자. 당신은 금화/금화를 가졌 든지 금화/은화를 가진 것이며 그 중에서 금화/은화를 가졌을 확률 은 2분의 1이다.

이번에는 당신이 열어본 상자의 한 쪽에 은화가 들어있는 경우를 가정하자. 당신은 은화/은화를 가졌든지 은화/금화를 가진 것이며 그 중에서 은화/금화를 가졌을 확률은 2분의 1이 된다. 즉 당신이 처음 확인한 동전이 금화이든 은화이든 당신이 금화/은화를 골랐을 확률은 2분의 1이다. 그러므로 세 개의 상자 중에서 금화/은화 상자를 고를 확률은 2분의 1이 되어야 한다.

물론 서로 다른 동전이 있는 상자를 고르는 확률은 단지 3분의 1이다. 문제는 위의 논증에서 무엇이 틀렸는지 알아내는 것이다. 물론 친절한 수학자께서는 오류에 대한 해답도 제시하였다.

이 논증의 오류는 선택한 상자 안의 첫 번째 동전이 금화일 때 다른 하나가 금화일 확률이 은화일 확률과 같다고 가정한 것이다. 실제로는 은화일 확률이 더 적다.

만일 당신이 금화/금화 상자를 골랐다면 이 경우에 상자의 반쪽을 열어서 금화를 확인할 확률은 100퍼센트이다. 당신이 고른 상자가 금화/은화라면 이 경우에 상자의 반쪽을 열어서 금화를 확인할 확률은 50퍼센트이다. 따라서 처음 본 동전이 금화였을 때 그 상자가 금화/금화일 확률은 금화/은화일 확률의 두 배인 셈이다.

마찬가지로 당신이 처음 본 동전이 은화였다면 그 상자가 은화/

은화일 확률이 금화/은화일 확률의 두 배이다. 그렇게 해서 결과적
으로 금화/은화 상자를 고를 확률은 3분의 1이 되는 것이다.

my opinion

각각 다른 세 가지
확률의 비밀

이것은 베르트랑이 제시한 또 하나의 확률 패러독스이다. 이것은 '현(弦)의 패러독스'라고 알려져 있는 것인데 이를 이해하기 위해서는 우선 현이 무엇인지 알아보고 지나가도록 하자. 원주(圓周)상의 두 점을 연결한 선분을 그 원의 현이라고 한다. 원의 중심을 지난다. 현이 그 원의 지름이다. 원의 중심으로부터 현에 내린 수직선은 현의 중심을 지난다. 바꾸어 말하면 현의 수직 이등분선은 원의 중심

베르트랑의 패러독스(2)

을 지나게 된다. 또한 동일한 원이나 동일한 크기의 원에서 같은 현
은 중심에서 같은 거리에 있다.

한 원의 무작위적인 한 현이 그 원에 내접하는 등변 삼각형(等邊三
角形)의 한 변(邊)보다 길 확률은 얼마인가? 이 질문에 대하여 베르트
랑은 세 가지 경우를 들었다.

(1) 내접한 삼각형의 꼭지점으로부터 원주로 내려온 현이 그 꼭지점의 내각 안에 위치할 때 현의 길이는 등변 삼각형의 한 변보다 길다. 모든 현의 3분의 1은 꼭지점의 내각 안에 들어오기 때문에 삼각형의 한 변보다 긴 확률도 3분의 1이다.

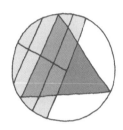

(2) 내접한 삼각형의 한 변에 평행한 현이 그 원의 반지름을 반으로 나누는 수직선을 가로 지르며, 그 중심점이 삼각형 안에 있을 때 현의 길이는 등변 삼각형의 한 변보다 길다. 이 경우 확률은 2분의 1이다.

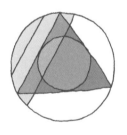

(3) 내접한 삼각형과 내접하는 원 안에 현의 중심점이 있을 때 그 현의 길이는 등변 삼각형의 한 변보다 길다. 내부의 원의 지름은 바깥쪽 원의 지름의 2분의 1이므로 면적은 4분의 1이 된다. 따라서 확률은 4분의 1이다.

동일한 사건에 대하여 세 가지의 서로 다른 확률이 존재하는 셈이다. 어떻게 이런 일이 일어났을까? 그렇다면 확률의 진실은 무엇인가?

라플라스(Laplace)의 '무차별의 원칙(Principle of Indifference)'에 따르면 만일 각각의 경우의 수가 유리한 것이 될 가능성이 동일하다고 믿을 만한 이유가 있을 때 이 일이 발생할 확률은 다음과 같다.

$$\frac{\text{유리한 경우의 수}}{\text{모든 경우의 수}}$$

예를 들어 한 벌의 카드에서 임의로 에이스를 뽑을 확률은 4/52이다.

$$\frac{\text{그 카드가 에이스일 경우 4가지}}{\text{그 카드가 모든 카드일 경우 52가지}}$$

확률에 관한 라플라스의 정리는 명쾌하다. 그러나 베르트랑은 동일한 상황에 대하여 세 가지 서로 다른 해법을 이용함으로써 자신

자자...
패돌려~

$$\frac{4 \ (\text{에이스인 경우})}{52 \ (\text{모든 카드인 경우})}$$

의 질문이 잘못 구성된 질문이라는 것을 입증한다. 이는 무한한 경우의 수에서 임의적으로 선택을 한다는 것이 가능하다고 생각하지 않았기 때문이다.

한 원 내에는 무한히 많은 현들이 있다. 원의 중심점을 지나는 현인 지름을 제외하면 모든 현은 그 중심점에 의하여 각각 구별된다. 그런데 하나의 원 안에 점이 몇 개나 있을 것인가? 무한히 많다. 그 무한대를 가지고 어떻게 경우의 수를 나눌 수 있겠는가? 이것은 베르트랑이 제시한 질문이 확실히 잘못 짜여진 질문이라는 것을 의미한다.

그러나 이 질문이 제대로 된 질문으로 대체될 수는 없는가? 사실 이 질문은 무한하게 많은 다른 질문들로 대체될 수 있다. 처음 질문에서의 오류는 임의의 현을 선택하는 방법을 규정하지 않은 데에서 기인하는 것이다.

　위에서 설명한 경우 외에도 또 다른 확률을 산출하게 될 경우는 무한히 많다. 그렇다고 해서 정해진 확률이 전혀 없다는 말은 아니

다. 무작위적 선정의 방법이 적절하게 규정되었을 때 명확한 답변이 가능할 것이다. 따라서 베르트랑의 질문에 대한 적절한 답변은 임의적으로 현을 선택하는데 작용하는 메커니즘은 무엇인가 하는 것이다. 보통의 경우 특정한 방법이 우선적으로 선택되는 것은 아니다.

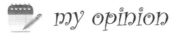 my opinion

세상에서 가장
방이 많은 호텔

르네상스 시대를 화려하게 장식한 사람 중에 갈릴레오 갈릴레이 (Galileo Galilei)를 빼놓을 수는 없을 것이다. 1564년 이탈리아 피사에서 출생하여 1642년 세상을 떠날 때까지 갈릴레이는 천문학, 물리학, 수학 분야에서 여러 가지 업적을 이루어내었다. 우리에게는 코페르니쿠스(Copernucius)의 지동설을 옹호하다가 교황청의 미움을 사게 된 것으로 잘 알려져 있는, 시대를 앞서 간 천재였다. 그 갈릴레이가 숫

힐버트의 패러독스

자에 대하여 다음과 같은 역설을 제시하였다.

모든 자연수와 그의 제곱을 생각해 보자. 자연수의 순서는 1, 2, 3... 으로 계속되고, 그 자연수의 제곱은 1, 4, 9...로 계속된다. 자연수 1부터 10까지의 열 개의 수 중에서 제곱을 표시하는 자연수는 1, 4, 9 세 개 뿐이다. 즉 일정한 자연수의 나열 안에서 자연수 제곱은 훨씬 적다. 이렇게 볼 때 자연수의 제곱의 집합보다 자연수의 집합이 훨씬 큰 것처럼 보인다. 그러나 자연수의 제곱은 자연수만큼 많다.

어떻게 그렇게 될 수 있을까? 다음의 그림을 보자. 자연수 하나와 그 자연수의 제곱을 일대일로 대응시킬 수 있다.

1	2	3	4	5	6	7	8...
↕	↕	↕	↕	↕	↕	↕	↕
1	4	9	16	25	36	49	64...

그러므로 모든 자연수의 집합은 모든 자연수 제곱의 집합보다 큰 것이 아니라는 결론이다. 다른 말로 모든 자연수의 집합은 모든 자연수 제곱의 집합과 같은 수의 원소를 가진다는 말이다.

자, 이제 갈릴레이의 숫자 게임을 이해했다면 다음과 같은 일대일 대응도 생각해 볼 수 있다. 자연수 1, 2, 3...과 여기에 각각 1을 더한 자연수 2, 3, 4...를 대응시켜 보자. 모든 자연수의 집합과 1보다 큰

자연수의 집합을 비교해 볼 때 모든 자연수의 집합이 더 많은 원소를 가진 것은 아니다.

1	2	3	4	5	6	7	8...	n
$\updownarrow$	$\updownarrow$	$\updownarrow$	$\updownarrow$	$\updownarrow$	$\updownarrow$	$\updownarrow$	$\updownarrow$	$\updownarrow$
2	3	4	5	6	7	8	9...	n+1

이처럼 알쏭달쏭한 역설을 사용하여 힐버트(David Hilbert, 1862-1942)라는 수학자는 다음과 같은 예를 제시하였다. 어떤 호텔이 있다. 이 호텔에는 무한히 많은 객실이 있는데 언제나 만원이다. 그러나 만일 모든 투숙객이 한 칸씩 옆방으로 옮겨간다면 이 호텔은 언제나 새로운 손님을 받을 수 있다. 따라서 모든 객실이 만원임에도 불구하고 이 호텔은 항상 새로운 손님에게 방을 내 줄 수 있다.

위의 그림에서 보듯이 1호실의 손님은 2호실로 옮겨가고, 2호실의 손님은 3호실로, 3호실 손님은 4호실로 옮겨간다. 이런 식으로 n호실의 손님은 n+1호실로 이동한다. 그러면 언제나 1호실은 빈 방으로 남게 되고, 언제나 새로운 손님을 받을 수 있는 것이다. 따라서 이 호텔은 세상에서 가장 객실이 많은 호텔이다. 물론 새로운 투숙객이 올 때마다 모든 손님들이 짐을 싸 들고 옆방으로 옮겨야 하는 번거로움이 있기는 하지만 말이다.

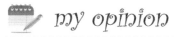 my opinion

my opinion

응용 패러독스

결혼을 해야 하나 말아야 하나 / 믿기 때문에 믿을 수 없다 /
백만장자의 고약한 제안 / 당신은 죽을병에 걸렸습니다 / 어느
병원에서 수술을 받아야 할까 / 시저는 이미 알고 있었노라 /
너는 너에 대해서 예언할 수 없다 / 이 책에는 틀린 내용이
있습니다

결혼을 해야 하나
말아야 하나

결혼을 할 것인지 안할 것인지 당신 개인의 의사를 물어보는 것은 아니다. 사회학이나 여성학 관점에서 문제 제기를 하는 것은 더더욱 아니다. 이것은 선견(先見)에 관한 패러독스이다.

만일 당신이 결혼할 것이라는 것을 신이든, 예언자든 혹은 또 다른 누구든 미리 알고 있다면 당신은 스스로의 자유의지에 의하여 결혼을 하든지 말든지 할 수 있을까? 자유의지에 의한 행동을 선견하

선견(先見)의 패러독스

는 것은 예외인 듯 보인다.

'만일 당신이 자기가 결혼하게 될 것을 안다면 당신은 반드시 결혼한다'라는 문장이 있다. 이 문장은 두 가지 다른 뜻으로 해석 될 수 있다. 이것은 다음의 두 가지 의미를 가진다.

(1) '만일 당신이 자신이 결혼하게 될 것이라는 것을 안다면 당신
은 결혼할 것이다'라는 것은 필연적이다.

(2) 만일 당신이 자신이 결혼하게 될 것이라는 것을 안다고 한다
면 당신은 필연적으로 결혼할 것이다.

첫 번째 문장을 보라. 여기에는 '필연적'이라는 말로 나타내어진
'조건의 필연성'이 있다. 즉 당신이 p를 알고 있다면 p이다. 두 번째

문장에서는 '결과의 필연성'이 있다. 즉 당신이 p를 알고 있다. 그러면 필연적으로 p가 된다. 문장 (1)은 참이다. 만일 당신이 결혼하려고 맘먹은 것이 아니었다면 당신이 결혼하게 될 것을 알 수 없기 때문이다. 그러나 문장 (2)에서는 다르다. 문장 (2)에서 미리 알고 있는 것(선견)은 앞으로 일어날지도 모르는 자유의지에 의한 결혼을 배제시키고 있는 것이다.

그러나 만일 당신이 결혼할 것이라는 것을 선견한 것이 신이라고 한다면 이야기가 조금 달라진다. 신이라는 분은 반드시 전지전능하기 때문에 신의 선견에 대하여는 다음과 같은 논증을 펼 수 있다.

(가) 만일 신께서 당신이 결혼할 것이라는 것을 알고 있다면 당신은 반드시 결혼할 것이다.

(나) 신께서는 반드시 당신이 결혼할 것이라는 것을 안다.

(다) 따라서 당신은 반드시 결혼을 할 것이다.

'만일 신께서 당신이 결혼할 것이라는 것을 알고 있다면 당신은 반드시 결혼할 것이다'라는 말은 신이 당신이 결혼할 것이라는 것을 아는 상황이라면 어떤 가능한 상황에서도 당신이 결혼할 것이라는 뜻이다. 그리고 '신께서는 반드시 당신이 결혼할 것이라는 것을 안다'라고 말하는 것은 어떤 가능한 상황에서도 신은 당신이 결혼할 것을 안다는 것이다. 따라서 이에 따르면 어떤 가능한 상황에서도 당신이 결혼할 것이라는 것은 진리이다. 다시 말하자면 당신이 결혼할 것이라는 것은 필연적으로 진리이다.

그렇더라도 두 번째 전제인 (나)'신께서는 반드시 당신이 결혼할 것이라는 것을 안다'를 반드시 수용할 필요는 없다. 왜냐하면 신은 오래 전에 마음 먹은 계획을 알지 못하기 때문이다. 만일 당신이 오래 전에 절대로 결혼하지 않겠다고 마음 먹었다면 신은 당신이 결혼할 것이라는 것을 알지 못할 것이다. 그 누구도 심지어 신조차도 거짓을 알 수는 없다. 만일 신이 부정할 수 없는 전지전능이라서 당신에 대하여 모든 것을 알고 있다면 말의 순서는 이렇게 바뀌어야 한다.

'만일 당신이 결혼할 것이라면 필연적으로 신은 당신이 결혼할 것을 알고 있다.'

신의 전지전능과 선견에 관한 모순에 대하여 이미 오래 전에 논한 사람이 있다. 480년 경에 출생하여 524년에 사망한 것으로 알려진 로마 시대 말기의 철학자 보이티우스(Boethius)는 비록 신이라고 해도 선견은 제외된다고 생각했다. 신은 시간을 초월하는 존재이기 때문에 신에게는 미리 앞을 내다보는 선견은 존재하지 않는다는 것이다. 다만 신은 미래에 자유의지에 의하여 일어날 일을 현재 시점에서 바라볼 뿐이다. 이러한 관점에서 본다면 신은 복잡다단한

4차원의 시공간 안에서 그 앞에 펼쳐진 역사 전체를 바라보기 때문에 우리의 자유의지에 대한 어떤 제재나 방해 없이도 전지전능한 것이다.

다시 처음의 질문으로 되돌아가 보자. 결혼을 할 것인지 안 할 것인지는 무엇보다도 당신의 자유의사에 달려 있다. 당신이 결혼을 하리라고 마음 먹었다면 전지전능한 신은 당신이 결혼하리라는 것을 안다. 만일 당신이 결혼을 하지 않겠다고 마음 먹었다면 역시 전지전능한 신은 당신이 결혼을 하지 않으리라는 것을 안다. 이런 논리

라면 어쩌면 '신의 뜻대로 하소서'라는 말은 앞뒤 순서가 바뀐 것이
아닐까.

my opinion

믿기 때문에
믿을 수 없다

　플라세보(placebo)는 유효 성분이 없는 위약(僞藥)을 말한다.　이 단어는 '만족시키다' 혹은 '즐겁게 하다'라는 뜻을 가진 라틴어에서 유래하는데 그 뜻 그대로 환자의 심리적 정서적 안정을 이끌어내어 치료에 유익한 작용을 유도하는 것을 의미한다. 예를 들어서 유당, 녹말, 우유, 증류수, 식염수 등을 약으로 속여 환자에게 투여하면 그것을 특효약으로 믿는 환자의 믿음 때문에 실제로 좋은 결과가 나타난

플라세보 패러독스

다는 것이다. 서양에서는 이 방면의 연구가 활발하다. 플라세보의 유효율도 30퍼센트에 이른다는 연구 보고가 있는 걸 보면 모든 것은 마음먹기에 달렸다는 말이 한층 더 실감난다.

플라세보는 이 약이 나를 기필코 낫게 할 것이라고 믿는 것만으로 치료 효과를 가져온다. 그러나 만일 내가 이 약이 플라세보라는 것을 알게 된다면 여기에는 어떤 약효적인 성분도 없기 때문에 나는 이 약이 더이상 효과가 있다는 것을 믿을 수 없다. 내가 나아질 수 있다는 믿음이 나를 낫게 만들더라도, 나를 치료하는 것은 그 믿음이지 이 약이 아니다. 투약 자체는 관계가 없다. 만일 어떤 플라세보가 효과가 있다면 이것은 이 약이 치료에 도움이 되는 성분을 가졌다는 거짓된 믿음을 통한 효과이다. 이 치료 효과가 어떻게 일어나는지 알게 되는 것은 플라세보를 투약하는 목적에 어긋나게 된다.

따라서 나는 '그 남자는 그 약이 자신을 치료할 것이라고 믿기 때문에 그 약은 그를 치료할 것이다'라고 말할 수는 있다. 그러나 나 자신의 경우에 대해서 '단지 내가 이 약이 나를 치료할 것이라고 믿기 때문에 이 약은 나를 치료할 것이다'라고 진심으로 말할 수는 없다. 물론 내가 치유된 후에 플라세보 효과의 혜택을 받았다는 것을 알게 된다면 그 때에는 '내가 이 약이 나를 치료할 것이라고 믿었기 때문에 이 약이 나를 치료했다'라고 과거형으로 말할 수는 있다.

단순히 내가 그것을 사실이라고 믿기 때문에 그것은 사실이라는, 내 자신의 믿음이 스스로 성취된다고 믿는 것에는 근본적으로 이상한 어떤 점이 있다. 만일 왜 내가 나아질 거라고 믿는지 질문을 받는다면 정답은 '그저 내가 나아질 거라고 믿기 때문'이 되어

야 할 것이다. 그러나 이것이 어떻게 제대로 된 이유가 될 수 있겠는가?

　이미 내가 나을 것이라고 믿고 있다고 가정해 보자. 이유를 일일이 열거할 필요 없이 나는 그저 아주 낙관적인 사고 방식을 가진 사람이다. 나는 투병 과정에 있어 낙관론이 치료에 도움이 된다는 것

을 알고 있다. 따라서 왜 내가 나아질 거라고 생각하는지 질문을 받았을 때 나는 나아질 거라는 나의 믿음을 언급할 것이다. 나는 아마도 다른 이유는 어떤 것도 제시할 수 없을지도 모른다. 그러나 그렇다고 해서 내가 어떤 믿음을 가지고 있기 때문에 그것을 믿는다는 것을 의미하는 것은 아니다. 나는 아마도 왜 내가 처음에 이런 믿음

을 가지게 되었는지 설명할 수 없을 것이다. 또한 이 믿음은 아마도 논리적인 과정을 통해 얻어지지 않았을지도 모른다. 그러나 이런 믿음은 습득되었고, 이것은 단지 내가 믿음을 가졌었기 때문에 가지게 된 것은 아니다. '내가 단지 그것을 믿었기 때문에 그 믿음을 가지게 되었다'는 것을 참으로 만들기 위하여 그 믿음을 습득하기 이전에 나는 이미 그 믿음을 습득해야만 했을 것이다.

　이 복잡한 패러독스를 간단하게 정리해 보면 다음과 같다. 이 약이 나를 치료한다는 것이 아마도 사실이고, 내가 이 약이 나를 치료할 것이라고 믿기 때문에 그것이 나를 치료한다는 것도 아마 사실이겠지만, 나는 '다만 이 약이 나를 치료할 것이라는 믿음 때문에 이 약이 나를 치료할 것이다'라는 것을 믿을 수 없다.

my opinion

백만장자의
고약한 제안

　당신은 지금 돈이 필요하다. 그런데 어떤 기괴한 취미를 가진 백만장자가 당신에게 이런 제의를 한다.

　"돈이 필요하군요. 이 약물을 마셔 보겠소? 이 약물을 마시면 며칠 동안 속이 뒤집히고 구역질이 나겠지만 죽지는 않소. 이 약물을 마실 의사가 있다면 내가 1억원을 주겠소. 물론 돈을 받은 다음에 당신이 약속한 대로 약물을 마실 것인지 아니면 약속을 어기고 약물을

자기모순적 발언의 패러독스

먹지 않을 것인지는 전적으로 당신의 결정에 달려 있소."

　이렇게 터무니 없는 제안을 하는 사람이 실제로 있을지는 의심스럽지만 그러나 이런 제안을 받는다면 대부분의 경우 일단 약물을 마시겠다고 약속을 하고 1억원을 받을 것이다. 며칠만 고생하면 1억원이 생긴다. 여기엔 아무런 딜레마도, 아무런 패러독스도 없는 것처럼 보인다. 그러나 문제는 그리 간단하지 않다.

　당신이 받은 1억원은 그 약물을 마시겠다는 의지의 대가이다. 즉 당신은 그 약물을 마시겠다는 의도를 가졌다는 의미이다. 그러나 일단 돈을 받은 다음에 당신은 그 약물을 마셔도 되고 마시지 않아도 된다. 물론 약속을 어긴다는 것에 대해 결벽증이 있다면 모를까 안 마셔도 법적인 책임이 따르지 않는 조건에서 구태여 며칠 동안의 불쾌한 고통을 선택할 사람은 별로 없을 것이다. 따라서 솔직히 말하자면 처음부터 당신은 그 약물을 마시려는 의도가 없었다. 그렇다면 어떻게 약물을 마신다는 의사를 결정할 수 있겠는가? 당신이 어떤 일을 하지 않으리라는 것을 이미 알고 있는데, 그 어떤 일을 하려는 의도를 형성할 수는 없는 것이다.

당신이 돈을 받았기 때문에 그 일을 실행하도록 강요 받는다거나 실행할 의무가 있는 것은 아니라고 가정하자. 뿐만 아니라 일단 돈을 받은 당신은 더 이상 그 약물을 마실 이유가 없다고 가정하자. 그렇다면 처음에는 당신이 돈을 얻기 위하여 그 의도를 가졌다고 해도 일단 돈이 당신의 주머니에 들어온 이상 그 약물을 마실 이유가 없다. 그런데 어떻게 의도를 가질 수 있겠는가? '나는 그 약물을 마실 것이다. 그러나 나는 그것을 마시지 않을 것이다'라는 말은 스스로 모순을 일으키는 믿음이나 발언이 된다.

논리적으로 볼 때 당신이 어떤 행위 P를 하려는 의사 결정의 이유는 P를 하려는 이유이다. 예를 들어서 당신이 유학을 가려는 의사를 결정한다면 그 이유는 유학을 가려는 이유와 같다. 그러나 여기에서는 약물을 마시려는 의사 결정의 이유가 약물을 마시는 이유가 되지 않는다. 단지 속이 뒤집히기 위해서 약물을 마시려는 사람이 있겠는가.

여기에서 문제는 백만장자의 제안이 옳은가 그른가 하는 것이 아니라 당신 스스로 이 제안을 받아들이도록 충분히 납득시킬 수 있는가 하는 것이다. 만일 당신이 그의 제안이 옳다고 믿는다면 당신은 그 약물을 마시도록 의사를 결정할 것이며, 약물을 마실 것이다.

물론 불쾌한 고통에 시달리겠지만 1억원을 얻을 수 있다. 그것이 신체적인 고통을 피함으로써 돈을 얻지 못하는 것보다 낫기 때문이다. 그러나 당신이 그의 제안을 받아들임으로써 얻는 이득에 대하여 충분히 납득이 가지 않는다면 당신은 의사를 결정할 수 없어야 한다. 최소한 논리적으로는 그렇다.

이처럼 어떤 역설들은 표면적으로는 전혀 비상식적인 상황에 대하여 논리적으로 풀어가는 것으로 패러독스가 된다. 유사한 예를 하나 더 들어 보자.

어느 누가 시험을 좋아하겠느냐마는 당신은 특히 시험 혐오증을 가지고 있다. 그런데 돈이 필요하다. 당신의 약점을 파악한 부모님이 다음과 같은 제안을 한다. 월요일부터 금요일까지 5일 동안 매일 오후에 실시되는 시험이 있는데 그 시험 중의 하나라도 치겠다는 의사 결정을 한다면 시험 하나 당 10만원 씩 주겠다는 것이다. 물론 시험을 치는데에는 어떠한 강제성도 없다. 당신은 고민을 할 것이다. 시험을 치는 것은 정말 싫지만 그러나 돈도 필요하기 때문이다. 만일 당신이 시험을 칠 결심을 한다면 돈을 받게 될 것이다. 그러나 동시에 돈을 얻음으로써 당신은 시험을 칠 이유가 없게 된다.

마지막 시험은 금요일에 있다. 따라서 금요일 이전에 시험을 치른다면, 아직도 금요일의 시험이 남아있기 때문에 더 많은 돈을 벌 기회가 있다. 그러므로 아직도 돈을 마련할 수 있는 가능성이 있는 셈이다. 그러나 당신은 금요일에 시험을 치려는 의도를 결정할 수 없다. 왜냐하면 일단 돈을 얻게 된 다음에는 그 혐오스러운 시험을 치려고 하지 않으리라는 것을 알고 있기 때문이다.

일단 당신이 금요일에 시험을 치르지 않을 것이라는 것을 안다면 당신은 목요일에 시험을 치르려는 의도를 결정할 수 없다. 이런 식으로 거슬러 올라가다 보면 결국 당신은 월요일의 시험에 이르게 된다. 각각의 가능한 의사 결정을 하나씩 제거해 나가는 역행귀납적인 방법은 '기습 시험의 패러독스'에서와 같다. 논리상으로 당신은

결국 한 번의 시험에 대한 의사 결정도 하지 못한 채 돈을 벌 수 있는 기회를 잃게 되어야 한다.

그러나 돈이 필요한 당신은 틀림없이 시험을 치려는 의도를 가지게 될 것이며 결과적으로 다섯 번의 시험 중에서 몇 개는 치를 것이다. 현실적으로는 그렇다.

my opinion

....

당신은 죽을병에
걸렸습니다

　사람 사는데 건강보다 더 중요한 문제는 없다. 그래서 어떤 새로운 질병이 밝혀지면 사람들은 너나할 것 없이 그 병이 자신에게 발병할까 우려한다. 의학은 끝없이 진보하고 있지만 그만큼 질병도 늘어나고 있는 것이 현실이다. 그렇다고 의학 얘기를 하려는 것은 아니다.

　여기 새로이 밝혀진 질병이 있다. 치사율이 매우 높은 이 위험한

확률의 패러독스

질병의 발병률은 10퍼센트이다. 열 명 중 한 명은 걸린다니 얼마나 두려운가. 최근에 원인 모를 피로에 고민하던 당신은 즉시 검사를 받으러 병원에 간다. 이 질병을 판단하기 위한 의료 검사는 80퍼센트의 정확도를 나타낸다.

당신이 걱정하던 일이 일어났다. 담당 의사가 당신에게서 양성 반응을 발견한 것이다. 물론 이 진단의 정확도는 80퍼센트이다. 이

말을 들은 당신은 갑자기 정신이 몽롱해질 것이다. 진단의 정확도가 80퍼센트라니 당신에게 내려진 진단은 거의 정확한 셈이다. 이제 당신은 병에 걸려 죽을지도 모른다. 당신의 머리 속에는 지금까지 살아온 날들과 앞으로 얼마 남지 않은 것이 분명한 짧은 미래가 휙 스쳐 지나갈 것이다.

그러나 그렇게 절망할 상황은 아니다. 우선 당신이 발병할 확률은 얼마라고 생각하는가. 진단 정확도가 80퍼센트이니 발병할 확률도 80퍼센트라고 생각하는 것은 아닌지? 그러나 당신이 발병할 확률은 당신의 예상만큼 높지는 않다. 80퍼센트가 아닌 것은 물론이며 이보다 훨씬 낮은 30퍼센트 정도이다. 이해가 잘 가지 않는다고? 그럼 다시 처음부터 차근차근 따져보자.

검사의 정확도가 80퍼센트라는 말을 되새겨 보라. 이는 양성으로 판정된 결과 중 20퍼센트는 양성이 아니라는 뜻이며 동시에 음성으로 판정된 결과 중에도 20퍼센트는 음성이 아니라는 뜻이다. 쉽게 이해하기 위하여 100명의 표본 집단을 예로 들어보자. 이 질병의 발병률이 10퍼센트니까 이 100명 중에서 10명이 병에 걸릴 것이다. 만일 이들 100명이 모두 검사를 받는다면 10명의 환자 중 8명이 양성으로 판명되고 나머지 두 명은 음성으로 판명된다. 발병하지 않을 90명 중에서도 20퍼센트인 18명이 양성으로 판명된다. 이렇게 해서 100명 중에 26명의 양성 반응자가 만들어진다.

이 26명 중에 진짜 양성 반응자는 8명뿐이다. 따라서 당신이 양성으로 판정되었을 때 실제로 발병할 확률은 8/26, 즉 30.77퍼센트가 된다. 다음의 표를 보면 좀더 알기 쉬울 것이다.

발병률(%)	0.00	0.10	1.00	10.00	20.00	25.00	50.00	75.00	100
당신이 발병할 확률(%)	0.00	0.40	3.88	30.77	50.00	25.00	57.14	80.00	100

　예증을 쉽게 하기 위해서 그랬을 뿐이지 중세 유럽을 초토화한 흑사병도 아닐진대 발병률이 10퍼센트라는 것은 요즘 상황에서는 비현실적인 수치이다. 대부분 사람들이 두려워하고, 보험을 들고, 병원에 가서 진단 검사를 받는 일반적인 질병은 이보다 훨씬 낮은 발병률을 보인다. 위의 표에서 알 수 있듯이 어떤 질병의 발병률이 1퍼센트이고 병원의 진단 정확도가 80퍼센트라면, 양성 판정을 받았다고 해도 그 질병에 걸릴 확률은 3.88퍼센트로 25분의 1보다도 작다. 만일 대부분 현실적인 경우에서처럼 질병의 발병률이 0.1퍼센트라면 그 확률은 250분의 1로 줄어든다.

　합리적이고 현명한 의사라면 0.4퍼센트의 확률 때문에 위험한 치료를 시작하자고 하지 않을 것이다. 또한 일반 상식적인 당신 역시 250분의 1의 확률 때문에 치료를 받아야 하나 말아야 하나 하는 고민에 빠지지는 않을 것이다. 그러나 250분의 1이라는 것은 확률적

으로 250명 중에서 한 명은 발병한다는 의미이다. 그 한 명이 당신이 라면 어떻게 하느냐고? 그러나 그것은 어쩔 수 없는 일이다. 운에 맡 기는 수밖에.

my opinion

어느 병원에서 수술을
받아야 할까

당신은 치명적인 병에 걸렸다. 불행히도 수술 외에는 다른 방법이 없다. 이 분야의 수술을 전문으로 하는 병원은 A와 B, 두 곳이 있다. A병원의 수술 후 생존율은 75퍼센트이고 B병원의 수술 후 생존율은 84퍼센트라고 밝혀져 있다. 당신은 어느 쪽 병원을 선택하겠는가?

대부분의 경우 사람들은 생존율이 1퍼센트라도 더 높은 병원으

표준화되지 않은 통계의 패러독스

로 가고자 할 것이다. 그러나 비록 B병원이 주어진 상황에서 특정 수술에 대하여 A병원보다 전반적으로 더 높은 생존율을 가지고 있다고 하더라도 B병원으로 가기로 결정하는 것이 수술 성공의 가능성을 향상시키는 것이 되는 것은 아니다.

　도대체 이게 무슨 궤변인가 의아해 할 것이다. 조금이라도 더 높은 생존율을 가지고 있다면 그만큼 살아날 확률이 높다는 것을 의미할 터인데 다른 것을 고려할 필요가 뭐 있겠는가. 그러나 바로 여기에 총계가 만드는 오해의 함정이 있다.

사람들은 일반적으로 통계 특히 백분율로 환산된 수치를 쉽게 믿는 경향이 있다. 그러나 내막을 잘 들여다 보아야 할 것이다. 위에서 예를 든 A병원과 B병원의 수술 자료를 비교해 보자.

■ A병원과 B병원의 생존율 비교

	생존	사망	총계	생존율(%)
A병원	375	125	500	75%
B병원	420	80	500	84%

위의 비교 자료를 본 다음이라면 어느 병원을 선호하겠는가? 아무래도 B병원이 확실히 우선적으로 선택이 될 것 같다. 그러나 이 통계 자료가 보여주는 것은 다만 수술 받은 환자의 수를 집계한 것뿐이다. 이제 이 통계에 집계된 환자들의 수술 전 상태가 양호했는지 혹은 위독했는지 하는 조건을 고려하여 다음 자료를 비교해 보라.

■ 수술 전 상태가 양호했던 환자들의 수술 결과

	생존	사망	총계	생존율(%)
A병원	245	5	250	98%
B병원	450	45	450	90%

	생존	사망	총계	생존율(%)
A병원	130	120	250	52%
B병원	15	35	50	30%

당신의 선택은 어떻게 달라졌는가? 당신의 상태가 양호하든 위독하든 이제 당신의 마음은 A병원으로 기울어져 있을 것이다. 그렇다면 당신이 마음을 바꾸는데 절대적인 역할을 한 것은 어떤 사실을 파악했기 때문인가?

어떤 수술이든 그렇겠지만 특히 치명적인 병에 대한 수술에서는 수술하기 이전의 환자 상태가 중요한 요인이 된다. 만일 환자의 상태가 양호하다면 위독할 때보다 훨씬 가망이 있을 것이다. 그렇기 때문에 수술 전 상태가 양호한 환자들만 대상으로 수술을 한다면 전체적인 수술 성공률이 높아질 것이다. 바로 그런 방법으로 B병원은 전체 성공률을 올린 것이다. B병원에서 수술 받은 환자의 구성을 살펴보면, 양호한 상태에서 수술 받은 경우는 총 500명 중 450명으로 전체의 90퍼센트임을 알 수 있다. 그렇게 함으로써 B병원은 전체 수술 성공률을 높였다.

이에 반하여, A병원에서 수술 받은 환자 중에서 위독한 상태였던 환자는 500명 중 250명으로 전체의 50퍼센트이다. 당연히 전체

수술 성공률은 낮아질 수밖에 없다. 이제 당신이 위독하다면 위독한 상태의 수술 성공률을 비교 검토해 볼 것이고, 양호하다면 양호한 상태의 수술 성공률을 비교 검토해 보면 된다. 양호한 경우의 수술 성공률은 A병원과 B병원이 98퍼센트 대 90퍼센트, 위독한 경우에는 52퍼센트 대 30퍼센트로 A병원의 수술 성공률이 더 높다. 이제 당신은 B병원보다는 A병원으로 갈 것이다.

왜 이렇게 통계의 오해가 생기는 것일까. 그것은 두 병원이 각각 제시한 자료가 '표준화'되어 있지 않기 때문이다. 수술 받은 환자의 숫자만 통일했을 뿐, 상태가 양호한 환자와 위독한 환자의 비율을 통일하지 않았기 때문이다. 비율을 같게 했다면 처음의 비교 자료에서부터 A병원의 생존율이 훨씬 더 높다는 것을 알 수 있었을 것이다.

표준화하면 얼마나 달라지는지 확인해 보자. B병원의 수술 후 생존율을 표준화하여 표로 만들어 보면 다음과 같다. 수술하는 환자 모두 위독한 상태인 생존율 30퍼센트에서부터 환자 모두가 양호한 상태인 생존율 90퍼센트까지의 변화를 한 눈에 볼 수 있다.

■ 상태 양호한 환자 비율의 증가에 따른 B병원의 전체 생존율

양호한 환자비율	0%	10%	20%	30%	40%	50%	60%	70%	80%	90%	100%
양호한 환자비율	30%	36%	42%	48%	54%	60%	66%	72%	78%	84%	90%

이를 다시 한 눈에 보기 쉽게 그래프로 그려보면 다음과 같다.

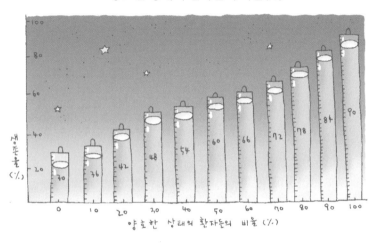

■ 양호한 상태의 환자들의 비율(%)

　물론 여기에 제시한 표는 환자의 수술 전 상태만을 고려한 것이
다. 한 질병에 대한 수술 후 생존율 분석에는 더 많은 조건이 필요할
것이다. 환자의 나이와 성별은 물론 흡연 및 음주 여부, 운동을 하는
가 여부, 각 개인의 유전자 구조 및 가족 병력 등등. 이런 종류의 분
석에 있어서의 문제는 어떻게 최종적으로 총합의 숫자들을 분석하
느냐 하는 것이다. 그리고 그렇게 하기 위해서 병에 인과관계가 있
는 요인들을 알 필요가 있다.

　중요한 것은 수치로 나타내어지는 통계에 쉽게 현혹되지 말라는
점이다. 물론 더 중요한 것은 건강은 건강할 때 지켜야 한다는 것이다.

📝 my opinion

시저는 이미 알고 있었노라

국어사전에서 '속이다'라는 말을 찾아보면, '거짓을 참으로 곧이 듣게 하다'라고 설명되어 있다. 그러므로 속이는 사람은 그것이 참이 아님을 알고 있으면서도 상대에게 의도적으로 참이라고 믿도록 유도한다는 뜻이다. 그런데 우리는 다음과 같은 말을 일상적으로 하곤 한다.

자기기만의 패러독스

'남을 속이는 것은 나쁜 짓이다.'
'네 스스로를 속여서는 안 된다.'

그러니까 남을 속일 수도 있고 나 스스로를 속일 수도 있다는 전제이다. 좀 더 논리적으로 풀어 보자면 나는 다른 사람의 기만으로 인한 피해자가 될 수도 있을 뿐만 아니라 스스로의 기만(자기 기만)에

의한 피해자도 될 수 있다. 그러나 만일 내가 속이고자 하는 당신의 의도를 알고 있다면 당신은 나를 기만하는데 성공할 수 없다. 그렇다면 내가 나 자신을 기만하는 것이 어떻게 가능할 수 있을 것인가? 내가 무엇을 의도하는지 나 자신이 모를 리 없으며 그렇기 때문에 자기 기만은 불가능하게 된다.

내가 나의 의도를 안다는 것이 내 자신을 속이려는 시도를 방해

하지 않을까? 믿음은 의지의 직접적인 통제를 받지 않는다. 내가 의도하는 대로 믿음이 바뀌지는 않는다. 그런데 어떻게 내가 내 자신으로 하여금 다른 것을 믿게 하도록 할 수 있겠는가?

믿음에 영향을 주는 것은 의도라기보다는 욕망과 감정이라고 보인다. 당신은 지금 기분이 좋은가? 만일 그렇다면 어쩐지 오늘은 모든 일이 술술 풀릴 것 같은 믿음을 가지게 될 것이다. 반대로 기분이 나쁘다면 일어나는 모든 일마다 꼬이는 것 같은 믿음을 가지게 된다. 그런가 하면 원하던 일이 이루어지지 않았을 때 우리는 실망과 절망을 계속하기보다는 그 일이 이루어지지 않음으로써 얻어질 수 있는 장점을 열심히 생각해 내고자 할 것이다.

유명한 이솝 이야기에 여우와 포도의 일화가 있다. 배고픈 여우가 포도 송이를 찾아냈으나 너무 높아서 따 먹을 수가 없었다. 여우는 그 자리를 떠나면서 '저 포도는 아직 익지 않아서 시어서 못 먹을 거야'라고 스스로를 위로하였다는 이야기이다. 우리 여우같은 인간들은 이와 같은 자기 기만을 수없이 하고 있다.

별로 유쾌하지 않은 가정이지만 만일 당신이 대학 입학 지원을 한다고 하자. 당신이 진짜 가고 싶은 대학에는 어쩐지 떨어질 것 같아서 그보다 약간 낮은 학교에 원서를 냈다. 그런데 그만 떨어지고 말았다. 자존심이 팍 상한 당신은 이렇게 생각한다. '그래, 별로 내키

지 않던 학교였는데 합격했으면 어쩔 뻔했어. 차라리 재수를 해서 마음에 드는 학교에 가야지.' 이 말은 자신의 감정이고 믿음이기는 해도 정확하게 사실이라고 보기는 어렵지만 말이다.

고대 로마 시대의 저 유명한 권력자 줄리어스 시저(혹은 율리우스 카이사르)는 여러 가지 명언을 남긴 것으로도 유명하다. 그 중 하나가 'Fere libenter homines id quod volunt credunt'라는 읽기도 어려

운 문장인데 번역하면 '일반적으로 사람들은 자신들이 원하는 것을
믿고자 한다'는 뜻이다.

　서로 우열을 가릴 수 있는 명확한 표준이 없는 경우 사람들은 자
신이 속해 있는 집단, 단체, 모임, 집합 등을 자신이 속하지 않은 집
단, 단체, 모임, 집합보다 우월하다고 생각하려는 경향이 있다. 자기
자신의 경우를 생각해 보면 쉽게 이해가 갈 것이다. 내가 다니는 회

사가 다른 회사에 비하여 급여 수준이 확연하게 낮은 경우를 제외한다면 나는 내가 다니는 회사가 내 친구가 다니는 회사보다 여러 가지 점에서 더 낫다고 믿을 것이다. 마찬가지로 내가 사는 동네, 내가 다니는 학교, 내가 다니는 교회, 내가 자주 들르는 영화관조차도 다른 동네, 다른 학교, 다른 교회, 다른 영화관보다 우월하다고 생각한

천재들의 패러독스

다. 이처럼 자기 기만은 희망 사항의 형태를 띠고 있다.

그러나 자기 기만이 언제나 희망 사항의 형태로 나타나는 것은 아니다. 자신이 두려워하는 것에 대한 믿음도 자기 기만이다. 소유욕이 특히 강한 사람은 자기 애인을 너무 쉽게 의심하려 든다. 휴대폰 연락이 몇 시간만 끊어져도, 문자 메시지 답장이 조금만 늦어도, 하루 세 번 하던 전화가 한 번만 건너 뛰어도 그 사이에 도대체 무슨 짓을 했느냐고 집요하게 추궁하려 할 것이다. 그리고 당황한 애인이 그저 핸드폰 배터리가 나갔을 뿐이라고 대답하면 일단 거짓말을 한다고 의심할 것이다.

실제로 그 애인이 염려할 만한 짓을 했을 수도 있고 안 했을 수도 있지만, 우려하는 가능성에 훨씬 더 예민해지는 것이다. 바로 이 예민함이 우려하는 상황이 실제로 일어나지 않도록 대책을 취하도록 할 것이다. 아니면 그 자기 기만은 그저 자존심이 없다는 증거일 뿐이다. 마치 희망으로 가득한 자기 기만이 희망이 지나치다는 증거가 되는 것처럼.

왜 어떤 경우의 욕망이나 근심은 자기 기만을 유발하지 않는데 반하여 어떤 욕망이나 근심은 자기 기만을 유발하는지에 대하여, 자신의 의도에 대한 호소로서 설명할 수 있다고 주장하는 사람들이 있다. 그런가 하면 우리의 마음 속 한 구석에서는 받아들이기를 거부하고 있다는 사실을 다른 한 구석에서는 알고 있는, 또 다른 형태의 자기 기만이 있는 것도 사실이다. 이는 무의식, 잠재의식 그리고 잠재 의식을 통한 의식적인 믿음의 메커니즘으로 설명할 수 있는데, 여기에 대한 자세한 설명은 장황한 정신분석학 접근이 될 것이므로 과감히 생략하겠다. 궁금한 독자들은 프로이드(Freud)를 읽어보면 될 것이다.

my opinion

너는 너에 대해서
예언할 수 없다

우리는 별 생각 없이 스스로에 대하여 많은 예언을 하곤 한다. '나는 이번 여름 방학에 유럽 배낭 여행을 갈 것이다' 혹은 '다음 주말에는 친구를 만나서 영화관에 갈 것이다' 등등. 사실 이런 식의 예언은 예언이라기보다는 계획에 가깝다. 그러나 만일 모든 일들이 인과율의 법칙에 의해 제어된다면 원칙적으로 모든 사건을 예언하는 것은 가능하다. 그러나 만일 그렇다면 이미 예언된 일을 하

예언의 패러독스

지 않는 것을 선택을 함으로써 우리 자신의 행위에 대한 예언이 거 짓임을 입증할 수도 있을 것이다. 그러면 결국 예언은 틀린 것이 될 것이다.

위의 패러독스가 도출하려는 결론은 모든 일들은 인과법칙의 지 배를 받는다는 인과결정론(因果決定論)이 틀렸다는 것이다. 그러나 이 결론 역시 잘못된 추론일 수도 있다. 여기에 대해서는 '뷔리당의 당

나귀 패러독스'에서 설명하였다.

　우리의 통제 하에 있는 사건을 예언하는 것은 지극히 복잡한 일이 될 것이다. 그런 사건을 예언한 다음에 그것이 거짓임을 입증하려고 드는 사람은 아마도 없을 것이다. 그러나 그러한 예언을 한 다음에 그것이 거짓임을 입증한다는 것이 가능하다는 것만으로도 충분하다. 그 모순에 대한 가능성 하나만으로도 논증은 충분하다. 그 모순을 설명하기 위해서 예를 하나 들어 보자.

　내가 내년 여름에 유럽으로 배낭 여행을 갈 것이라고 스스로 예언을 한 다음에 그 여행을 그만둔다고 치자. 만일 내년 여름에 내가 배낭 여행을 가지 않는다면 나는 올바른 예언을 하지 못한 셈이 될 것이다. 그러나 이런 종류의 자기 예언은 가능한 것일까? 아마도 현재 상태와 인과율에 근거해서 내 미래의 행동을 예언하는 것은 나의 지적 능력을 넘어서는 것일 것이다.

　물론 내가 내년 여름에 유럽으로 배낭 여행을 가기로 결정했다면 나는 내가 그렇게 하리라고 예언할 수 있을 것이다. 그러나 그것은 전혀 다른 별개의 문제이다. 여기에서 논하는 것은 현재의 물리적 조건과 물리적 인과법칙에 근거한 예언에 대한 것이다.

　인간 두뇌의 지식이 증가하고 있음에도 불구하고 그런 종류의 예언은 확실히 우리 능력을 넘어선 방법이다. 우리는 우리 스스로

위반할 수 있는 예언을 할 능력이 없다. 바로 그 점이 우리의 행동을
제어하는 필수조건이 되는 것이다.

이 책에는 틀린
내용이 있습니다

대부분의 책에는 본문이 시작되기 전에 저자의 서문이 있다. 그리고 많은 경우에 저자들은 서문에 다음과 같은 내용을 첨가한다. '내용에 정확을 기하기 위하여 노력했지만 그럼에도 불구하고 피할 수 없는 오류가 있을지도 모릅니다.' 물론 저자가 그 문장을 구태여 첨가하는 이유는 뻔하다. 혹시라도 책의 내용 중에서 오류가 발견될 수도 있다는 가능성에 대해서 미리 양해를 구하는 것이다. 사람은

저자 서문의 패러독스

불완전할 수밖에 없으므로.

    혹시라도 독자로부터 항의 전화를 받게 될까 두려워하는 저자의 마음을 그대로 이해하고 받아들인다면 별 문제가 없을 것이다. 그러나 명제의 진위를 따지는 철학자들의 입장에서는 저자의 서문도 그냥 지나칠 수 없다. 그들은 다음과 같은 문제를 제기할 것이다.

    책의 서문 중 수식어가 많은 문장을 단순화하여 '이 책에 있는 서

술 중 최소한 하나는 거짓이다'라는 문장으로 이해해 보자. 이 경우 만일 책의 어딘가에 거짓 서술이 있다면 서문의 문장은 참이 된다. 저자의 공손한 양해는 받아들여질 것이다. 그러나 만일 다른 서술이 모두 참이라면 문제가 생긴다. 이 경우 만일 서문의 서술이 거짓이라면 '이 책에 있는 서술 중 최소한 하나는 거짓이다'라는 서문의 서술을 포함하여 이 책의 모든 서술이 참이어야 한다. 그러나 이미 서문의 서술은 거짓이다. 그리고 단지 서문의 서술이 거짓인 경우에만 이 책의 모든 서술이 참이 된다. 따라서 서문을 제외한 모든 서술이 참이라면 '이 책에 있는 서술 중 최소한 하나는 거짓이다'라는 서술도 참이 되는데, 오직 그 자신이 거짓이 되어야만 참이 되는 것이다.

자기 스스로를 언급하는 서문 패러독스의 형태는 거짓말쟁이 패러독스의 변형과 유사하다. 성경 디도서에 의하면 크레타인 에피메니데스는 '모든 크레타인들은 늘 거짓말을 한다'고 말했다고 한다. 실제로 많은 사람들이 거짓말은 하겠지만 그렇다고 해서 그들이 거짓말 외에는 아무 것도 말하지 않는다는 뜻은 아니다. 이제 에피메니데스의 발언을 '크레타인들은 거짓말 외엔 아무 것도 말하지 않는다'라는 비평적 문장으로 고쳐씀으로써 좀더 명확하게 할 수 있다. 만일 크레타인 누군가가 진실을 말한다면 이 문장은 명백한 거짓이될 것이다. 만일 어떤 크레타인도 진실을 말하지 않는다면 이 발언

은 참이 된다. 그러나 이 말이 크레타인으로부터 나왔으며, 어떤 크레타인도 진실을 말하지 않기 때문에 이 발언은 동시에 거짓이 된다. 또다시 모순이 생기는 것이다.

my opinion

바보 철학자의 천재수학 이야기 개정판입니다.

천재들의 패러독스

초판발행 | 2004년 1월 30일
개정 1 쇄 발행 | 2017년 8월 17일

지은이 | 김안나

펴낸곳 | 호메로스
펴낸이 | 김제구
인쇄 · 제본 | 한영문화사

출판등록   제 2002-000447 호
주소   121-842 서울시 마포구 잔다리로 77 대창빌딩 402호
전화   02)332-4037
팩스   02)332-4031
이메일 ries0730@naver.com

ISBN 979-11-86349-68-7 (43400)

호메로스는 리즈앤북의 브랜드입니다.